树立中国在线检测品牌
服务实体经济健康成长

资质认证

浙江中智检测技术有限公司成立于2012年，是一□□□□□□□□□等行业在线校准检测的国家级高新技术企业。公司通过CNAS和□□□□□□、环境、职业健康管理体系认证。目前取得专利18项、软件著□□□□□□是中国石化有关计量仪表在线校准规范的起草单位之一。

核心技术——在线检测

中智检测的企业工程技术中心致力于在线检测应用技术的研发和推广，围绕行业的实际需求采用动态实时校准、多参数耦合校准等系统综合的校准方法，解决了检测耗时长、成本高、不易拆卸、安全风险高、污染环境等问题。目前拥有大罐、流量、压力、温度和分析仪器等在线计量校准技术。

服务客户

中智检测每年服务的客户超过500家，通过提供年度框架合同服务和一站式的专业技术服务，赢得客户的信任和认可，持续为客户提供更高的价值！

 0574-26281873　 sti@sinowiti.com　 www.sinowiti.com

浙江省宁波市镇海区骆驼街道镇海大道中段432号1003室（鼎信大厦）

扫码咨询

毕托巴在线安装防堵型在线校准流量计

产品特点

◆ 可动态在线校准流量数据

◆ 一台安装位置可获取两台流量计的测量数据

◆ 测量准确度高，气体测量 ± 1%、液体测量 ± 0.5%（特殊调校 ± 0.2%）

◆ 可在线安装、在线校准、在线插拔离线检定/校准

◆ 口径：5~20000mm、量程比可达 1：100，且压损可忽略

◆ 可提供第三方校准/检定证书

毕托巴——填补国内外计量领域空白

◆ 实现了插入式非满管液体明渠、暗渠介质准确计量

◆ 实现了气体、液体、蒸汽一体化多功能便携式流量计量

◆ 实现了超高温（1800℃以下）热风、热烟气计量

◆ 实现了管道沉积和结垢自修正流量计量

◆ 实现了在线安装且自诊断、自校准、自修正流量计量

◆ 实现了两相流（湿气）混合不分离精准计量

◆ 实现了火炬气、煤气、天然气等宽量程、变组分准确质量计量

◆ 实现了无直管段、异型管流体修正后流量计量

◆ 实现了插入式的高温高压主蒸汽流量计量

◆ 实现了低流速、小流量准确计量

液体流量检定装置

临界流文丘里喷嘴气体流量标准装置

风洞检定装置

计量仪表
在线校准规范

中国石油化工股份有限公司化工事业部
中国计量协会能源计控工作委员会　组织编写

中国石化出版社
HTTP://WWW.SINOPEC-PRESS.COM

内 容 提 要

本书针对石化企业计量仪表量值溯源的特点，结合现场计量仪表在线校准的经验编写而成，内容包括有关流量计、立式罐和卧式罐、汽车衡和轨道衡、电子皮带秤、储罐自动计量仪、流量积算单元、电能表等计量仪表在线校准规范。

本书作为计量仪表在线校准参考书，具有较强指导性和实用性，可供从事石油化工行业计量和仪表工作的技术人员阅读，亦可作为相关专业人员的培训教材。

图书在版编目（CIP）数据

计量仪表在线校准规范／中国石油化工股份有限公司化工事业部，中国计量协会能源计控工作委员会组织编写 . —北京：中国石化出版社，2022.3
ISBN 978-7-5114-6595-5

Ⅰ.①计… Ⅱ.①中… ②中… Ⅲ.①石油化工-测量仪表-校验-技术规范 Ⅳ.①TE967-65

中国版本图书馆 CIP 数据核字（2022）第 033117 号

中国石化出版社出版发行
地址:北京市东城区安定门外大街 58 号
邮编:100011 电话:(010)57512500
发行部电话:(010)57512575
http://www.sinopec-press.com
E-mail:press@ sinopec.com
北京力信诚印刷有限公司印刷
全国各地新华书店经销

*

787×1092 毫米 16 开本 16.5 印张 243 千字
2022 年 3 月第 1 版　2022 年 3 月第 1 次印刷
定价:150.00 元

《计量仪表在线校准规范》
编 委 会

主　　任：王立东

副 主 任：陈　磊　谭　杰　黄志壮　王京安　肖国灿

编　　委：韩文旭　杨世飞　毕海鹏　许坤仙　王慧珠

　　　　　尹晓玲　滕志芳

主　　编：陈　磊

编写人员：（按姓氏笔画顺序）

马　利　王　猛　王　渐　尹晓玲　叶　明

邢　军　任飞明　邬红波　刘　洋（中韩石化）

刘　洋（镇海炼化）　　牟　斌　李建康

宋文其　杨国双　吴佛顺　谷民星　邹玉玲

张百军　张志力　张宏云　张国华　张俊峰

张　智　张　斌　陈建龙　苗豫生　范明军

林立根　林海安　郁　周　周广昌　娄占军

袁佳美　钱寿琴　高云霄　徐国峰　葛文松

赖　云

规范起草单位：

中国计量协会能源计控工作委员会

国家水大流量计量站

中国石油化工股份有限公司镇海炼化分公司

中国石化上海石油化工股份有限公司

中国石油化工股份有限公司北京燕山分公司

中国石油化工股份有限公司齐鲁分公司

中国石油化工股份有限公司茂名分公司

中国石油化工股份有限公司天津分公司

中国石油化工股份有限公司金陵分公司

中国石化扬子石油化工股份有限公司

中国石油化工股份有限公司洛阳分公司

中国石油化工股份有限公司济南分公司

中韩（武汉）石油化工有限公司

中国石化青岛炼油化工有限责任公司

国家管网集团新疆煤制天然气外输管道有限公司湖广分公司

北京博思达新世纪测控技术有限公司

北京均友欣业科技有限公司

江苏微浪电子科技有限公司

浙江中智检测技术有限公司

北京金旗华瑞科技发展有限公司

前　言

当前，中国石化正在加快打造世界领先洁净能源化工公司，对计量数据准确度提出了更高要求，计量仪表在线校准工作的重要性日益突显。为了探索和研究企业计量仪表在线校准（溯源）技术，中国石化化工事业部委托镇海炼化分公司开展了《计量仪表在线校准规范》课题研究，在中国计量协会能源计控工作委员会的共同推进下，组织石化企业相关人员完成了课题任务，并在科研实践基础上，编写了符合石化企业计量要求的《计量仪表在线校准规范》。

本书作者由多年工作在石化生产一线的计量技术人员和计量仪表生产厂、第三方校准机构技术人员组成。针对计量仪表在线校准中影响准确性的问题，从计量仪表安装、使用条件、标准器具、人员以及环境、操作等方面进行了全面分析归纳，以实现计量仪表量值可溯源、操作能在线、方法易推广、作业更安全等目标。

本书各项规范从问题提出、技术方案制定、校准方法实施、应用效果验证等方面进行了解析，是计量专家实践经验的提炼总结，为企业提供了具有较强指导性和实用性的计量仪表在线校准方法。书中各项规范体现了自主创新性，部分规范填补了国内在线校准技术空白，符合国内外计量仪表在线校准技术发展趋势。

让我们计量工作者携手推动计量仪表在线校准工作，为提升中国石化计量管理水平做出更大贡献。

中国石油化工股份有限公司化工事业部副总经理：王立东

目　　录

第一部分　流量计在线校准规范

一、铁路装车质量流量计在线校准规范 …………………………………… 1

二、旋进旋涡流量计在线校准方法 ………………………………………… 20

三、水运装船流量计在线校准规范 ………………………………………… 33

四、水流量计在线校准规范 ………………………………………………… 52

五、标准节流式流量计在线校准方法 ……………………………………… 71

六、天然气管输流量计在线核查方法 ……………………………………… 108

第二部分　衡器类在线校准规范

一、自动轨道衡在线校准规范 ……………………………………………… 129

二、汽车衡在线校准方法 …………………………………………………… 140

三、电子皮带秤在线校准规范 ……………………………………………… 157

第三部分　罐类在线校准规范

一、立式金属罐容量在线校准规范 ………………………………………… 169

二、卧式金属罐容量在线校准规范 ………………………………………… 184

第四部分　其他在线校准规范

一、流量积算单元在线校准规范 …………………………………………… 207

二、储罐自动计量仪在线校准规范 ………………………………………… 225

三、炼化企业电能表在线校准规范 ………………………………………… 238

铁路装车质量流量计在线校准规范

1 范围 ··· 3

2 引用文件 ·· 3

3 术语 ··· 4

4 概述 ··· 5

    4.1 质量流量计 ··· 5

    4.2 质量流量计在线校准方法 ··· 5

5 计量特性 ·· 6

    5.1 准确度等级 ··· 6

    5.2 重复性 ··· 6

6 校准条件 ·· 6

    6.1 环境条件 ··· 6

    6.2 通用技术要求 ··· 6

    6.3 基本要求 ··· 7

    6.4 校准准备 ··· 7

7 校准项目 ·· 8

8 校准方法 ·· 8

    8.1 轨道衡在线校准质量流量计方法 ··································· 8

    8.2 标准表在线校准流量计方法 ······································· 9

    8.3 校准结果计算 ··· 10

9 校准结果表达 ……………………………………………… 12

10 复校时间间隔 …………………………………………… 13

附录 A 校准记录参考格式 ………………………………… 14

附录 B 校准结果不确定度的评定方法与示例 …………… 16

附录 C 校准证书（内页）参考格式 ……………………… 19

目前，石化企业成品油铁路出厂越来越多采用质量流量计自动装车计量技术。由于火车装车鹤位普遍较多，贸易交接质量流量计每年一次强检的工作量比较繁重。受拆装应力及工况影响，质量流量计回装后需要在线零位调整等确认后才能交接计量。因此在质量流量计运行期间，应采用多种方式对质量流量计进行在线比对以确保仪表计量准确，消除拆装、运输、投用等环节对质量流量计准确度的影响，最终实现质量流量计的在线校准。

本规范参照 JJF 1708《标准表法科里奥利质量流量计在线校准规范》和 JJG 781《数字指示轨道衡检定规程》，结合 JJG 1038《科里奥利质量流量计检定规程》进行制定，主要技术指标及检定环境条件也参照执行。

本规范所用术语，除在本规范中专门定义的外，均采用 JJF 1001《通用计量术语及定义》、JJF 1004《流量计量名词术语及定义》和 GB/T 14250《衡器术语》。

根据 JJF 1071—2010《国家计量校准规范编写规则》3.1、3.2，本规范将示值误差列为计量性能并作为计量校准的主要工作。

1 范围

本规范中的质量流量计指科里奥利质量流量计。

本规范适用于小鹤管/大鹤管铁路装车质量流量计的在线校准和对质量流量计在使用中的计量性能进行在线核查。

2 引用文件

下列文件对于本规范的应用是必不可少的。凡是注日期的引用文件，仅注日期的版本适用于本规范；凡是不注日期的引用文件，其最新版本适用于本规范。

GB/T 14250　衡器术语

GB/T 15561　静态电子轨道衡

GB/T 19779　石油和液体石油产品油量计算　静态计量

GB/T 31130　科里奥利质量流量计

JJG 781　数字指示轨道衡检定规程

JJG 1038　科里奥利质量流量计检定规程

JJF 1001　通用计量术语及定义

JJF 1004　流量计量名词术语及定义

JJF 1059.1　测量不确定度评定与表示

JJF 1071　国家计量校准规范编写规则

JJF 1708　标准表法科里奥利质量流量计在线校准规范

3　术语

3.1　质量流量计

由流量检测元件（一次装置）和转换器（二次装置组成），利用流体和振动管振动的相互作用测量质量流量的装置。它也可用于测量流体的密度和过程温度。

3.2　数字指示轨道衡

装有电子装置，具有数字指示功能的静态称量轨道衡（以下简称轨道衡）。

3.3　标准表法

以标准表为标准器，使流体在相同时间间隔内连续通过标准表和质量流量计，比较两者的输出流量值，从而确定质量流量计计量性能的校准方法。

3.4　鹤管

陆用流体装卸臂，是装卸车管线与铁路罐车连接的主要设备。

3.5　大鹤管

在铁路罐车装车作业中，一组铁路罐车由一台装车鹤管逐一对位快速装车的设备。直径有 150mm、200mm 两种规格。大鹤管系统包括大鹤管机械本体、程序控制系统、液压驱动系统、接油斗、液位开关（防溢联锁）等其他辅助设备。

3.6 小鹤管

在铁路罐车装车作业中，铁路罐车与装车鹤管一对一的设备。直径有 80mm、100mm、125mm 三种规格。小鹤管由固定立管、水平管、垂直管、旋转接头、力矩平衡装置和液位开关（防溢联锁）等组成。

3.7 在线校准

确定在线使用中的流量计所指示的量值与对应的由标准表所复现的量值之间关系的一组操作。

4 概述

4.1 质量流量计

4.1.1 工作原理

流体在振动管内流动时产生科里奥利力，以直接或间接的方法测量产生的科里奥利力，从而得到流体质量流量。

4.1.2 构造

质量流量计由传感器和变送器组成。传感器主要由振动管、驱动部件等组成，而变送器主要由测量和输出单元组成。

4.1.3 用途

质量流量计主要用于测量流体的质量流量，广泛应用于石油、化工等行业。

4.2 质量流量计在线校准方法

质量流量计在线校准方法是指用数字指示轨道衡或总管上安装的高准确等级质量流量计为标准器，在现场对质量流量计进行示值误差的校准并确定流量计扩展不确定度的一组操作。

5 计量特性

5.1 准确度等级

在在线校准流量范围内，质量流量计的准确度等级应符合表1的规定。

表1 质量流量计准确度等级

准确度等级	0.1	0.2	0.5	1.0
最大允许误差/%	±0.1	±0.2	±0.5	±1.0

5.2 重复性

在在线校准条件下，质量流量计的重复性误差不应超过其准确度等级的1/2。

注：以上指标不用于合格判定依据，仅供参考。

6 校准条件

6.1 环境条件

大气环境条件一般应满足：

环境温度：0～40℃；

相对湿度：5%～85%；

大气压力：86～106kPa。

6.2 通用技术要求

6.2.1 应有被校质量流量计的使用说明书，提供的技术参数符合规范要求。

6.2.2 轨道衡的称量范围与被检铁路罐车的毛重相适应，准确度等级不应低于中准确度等级III级，最大允许误差符合表2的规定。称量值 m 以检定分度值 e 表示。

表2 轨道衡最大允许误差

称量值 m/kg	最大允许误差
$0 \leqslant m \leqslant 500$	±0.5e
$500 < m \leqslant 2000$	±1.0e
$2000 < m \leqslant 10000$	±1.5e

6.2.3 车辆通过轨道衡的速度≤3km/h。

6.2.4 标准表的准确度等级应优于或等于 0.2 级。标准表离线检定的流量范围应能覆盖被校质量流量计的常用流量范围。

6.2.5 在线校准流量计（标准表）与被校质量流量计出口处应保持足够的背压，避免出现介质气化的工况。

6.3 基本要求

6.3.1 仪表安装及参数检查：

6.3.1.1 参照国家标准（或生产厂家的企业标准）、质量流量计说明书，对现场流量计（包括标准表及被校质量流量计）的安装符合性进行确认，并对系统设置的仪表参数、机械及电子测试、接地电阻等进行检查，确认现场流量计运行正常。

6.3.1.2 轨道衡应有可靠的接地和防雷措施。检查确认轨道衡的称量轨和防爬轨不存在窜轨和错牙。确认二次仪表各功能正常。

6.3.2 检查质量流量计及标准器的报警信息，确认无故障报警。

6.3.3 被校质量流量计应有前次的检定/校准证书。

6.4 校准准备

6.4.1 在线校准规范中所使用的主要标准器和配套标准器须经检定/校准合格且在有效期内。

6.4.2 检测介质应是充满封闭管道中的单相稳定、清洁介质，且标准密度相对稳定（波动密度≤1.0kg/m^3）。

6.4.3 在防爆区域开展在线校准工作时，所有设备及设施应符合相关安全防爆要求。

6.4.4 遇雨、雪或其他影响在线校准情况时，应停止在线校准。

7 校准项目

校准项目为质量流量计在线计量性能的校准。

8 校准方法

8.1 轨道衡在线校准质量流量计方法

8.1.1 校准前准备

8.1.1.1 轨道衡通电预热 30min。按照 6.3.1.2 和 6.3.2 的要求做好衡器检查。

8.1.1.2 空秤时将轨道衡置零，观察二次表零点是否稳定，确保轨道衡零点正常。

8.1.1.3 在校准前，用总质量不小于 80t 的机车或车辆以符合规定的速度往返轨道衡 3 次。

8.1.1.4 待装槽车应保证清洗干净、无残留。

8.1.1.5 被校质量流量计通电预热至少 30min。按照 6.3.1.1 和 6.3.2 的要求做好被校质量流量计检查。

8.1.1.6 开启输油管线，使得被校质量流量计在校准流量点稳定运行不少于 30min，保证介质充满密闭管道及被校质量流量计。静止时，将质量流量计显示的介质密度换算为 20℃时的标准密度。若标准密度偏离介质正常密度范围，则需要重新将介质充满质量流量计。

8.1.1.7 装车前保持被校质量流量计内液体静止，检查质量流量计零点是否稳定。若有漂移，则需要先调校质量流量计零点。

8.1.2 校准步骤

8.1.2.1 将待装车的空罐车逐一过衡，并记录皮重。过衡时应将罐车两侧挂钩脱开，防止挂钩间应力影响称重数据。

8.1.2.2 当采用小鹤管定量装车时，铁路罐车对准待装鹤位后，先开启被校质量流量计前阀，再开启质量流量计后阀。达到设定质量后，关闭后阀。

当采用大鹤管定量装车时，铁路罐车对准待装火车鹤位后，配合数控阀和调节阀，装车开始时保持小流量灌装，当鹤管喷油口浸满油品后，通过批控器分段式的开关模式和输出信号，增大流量灌装直至达到允许的最大流速；待灌装量将达到"预装量"时控制关小阀门，等"预装量"接近"实装量"时关闭阀门，以减轻管道的水锤现象对管道设备的损害及控制装车流速，并提高装车计量准确度。

8.1.2.3 质量流量计校准流量点通常控制在日常工作流量范围内。装车时，保持流量计的瞬时流量稳定，流量波动不超过±10%。

8.1.2.4 读取被校质量流量计启输前及停输后累计流量，并计算累积量的变化值。

8.1.2.5 将已装车的铁路罐重车逐一过衡，过衡时应将罐车两侧挂钩脱开，防止挂钩间应力影响称重数据。每节罐车在轨道衡上停留时间不少于 1min。如果是轻质油品，每节罐车在衡器上停留的时间不应少于 3min。观察二次仪表显示数据，稳定后记录 5 组毛重数据，取平均毛重值，计算轨道衡计量的同一铁路罐车质量的变化值。

8.1.2.6 对每个被校流量点，重复 8.1.2.1 至 8.1.2.5 的步骤。每个鹤位至少装 3 车，取得 3 组（或 3 组以上）校准数据。

8.1.2.7 计算校准数据的示值误差和重复性。

8.1.2.8 若具备条件，可增加不同的校准流量点，重复 8.1.2.1 至 8.1.2.6 的步骤。

8.2 标准表在线校准流量计方法

使用标准表法在线校准时，小鹤管铁路定量装车的标准表可安装在进装车台总管上或单独设置的标定副线上。大鹤管铁路定量装车由于是两个股道铁路罐车交替装车，中间有流量交叉，需要每个股道预留标准表接口。

8.2.1 校准前准备

8.2.1.1 标准表和被校质量流量计通电预热至少 30min。按照 6.3.1.1 和 6.3.2 的要求做好流量计检查。

8.2.1.2 开启输油管线，使得标准表和被校质量流量计在校准流量点稳定运行不少于 30min，保证介质充满密闭管道、标准表及被校质量流量计。静止时，将质量流量计显示的介质密度换算为 20℃时的标准密度。若标准密度偏离介质正

9

常密度范围，则需要重新将介质充满质量流量计。

8.2.1.3 装车前保持被校质量流量计内液体静止，检查质量流量计零点是否稳定。若有漂移，则需要先调校质量流量计零点。

8.2.2 校准步骤

8.2.2.1 质量流量计校准流量点通常控制在日常工作流量范围内。装车时，保持质量流量计的瞬时流量稳定，流量波动不超过±10%。

8.2.2.2 当采用小鹤管定量装车时，铁路罐车对准待装火车鹤位后，先开启被校流量计前阀，再开启流量计后阀。达到设定质量后，关闭后阀。当采用大鹤管定量装车时，铁路罐车对准待装火车鹤位后，首先开小阀，保持小流量灌装，在鹤管喷油口浸满油品后，再开大阀直至达到允许的最大流速；待灌装量达到"预装量"时，关闭大阀，小阀保持开度，等"预装量"接近"实装量"时关闭小阀。

8.2.2.3 读取被校质量流量计启输前及停输后的累计流量，并计算质量流量计质量累积量的变化值。

8.2.2.4 读取标准表启输前及停输后的质量累计量，并计算流量计累积流量的变化值。

8.2.2.5 对每个被校流量点，重复8.2.2.1至8.2.2.4的步骤。每个鹤位至少装3车，取得3组（或3组以上）校准数据。

8.2.2.6 计算校准数据的示值误差和重复性。

8.2.2.7 若具备条件，可增加不同的校准流量点，重复8.2.2.1至8.2.2.5的步骤。

8.3 校准结果计算

8.3.1 被校质量流量计质量累积量的变化值按照式（1）计算。

$$Q_{ij} = Q_{ij后} - Q_{ij前} \quad\cdots\cdots\cdots\cdots\cdots\cdots\cdots\cdots\cdots\cdots\cdots\cdots（1）$$

式中：

Q_{ij} ——第 i 个校准点第 j 次流量计的累计质量变化值，kg；

$Q_{ij后}$ ——第 i 个校准点第 j 次装车停止后读取的流量计累计示值，kg；

$Q_{ij前}$ ——第 i 个校准点第 j 次装车前读取的流量计累计示值，kg。

8.3.2 轨道衡计量的铁路罐车质量累积量的变化值按照式（2）计算。

$$G_{ij} = T_{ij} - N_{ij} \quad\quad (2)$$

式中：

G_{ij} ——第 i 个校准点第 j 次轨道衡计算的净重，kg；

T_{ij} ——第 i 个校准点第 j 次装车后轨道衡称量的平均毛重示值，kg；

N_{ij} ——第 i 个校准点第 j 次装车前轨道衡称量的皮重示值，kg。

8.3.3 标准表质量累积量的变化值按照式（3）计算。

$$(Q_s)_{ij} = (Q_s)_{ij后} - (Q_s)_{ij前} \quad\quad (3)$$

式中：

$(Q_s)_{ij}$ ——第 i 个校准点第 j 次标准表的累计质量变化值，kg；

$(Q_s)_{ij后}$ ——第 i 个校准点第 j 次装车停止后读取的标准表累计示值，kg；

$(Q_s)_{ij前}$ ——第 i 个校准点第 j 次装车前读取的标准表累计示值，kg。

8.3.4 轨道衡在线校准单次测量的相对示值误差按照式（4）计算。

$$E_{ij} = \frac{Q_{ij} - G_{ij}}{G_{ij}} \times 100\% \quad\quad (4)$$

式中：

E_{ij} ——第 i 个校准点第 j 次流量计的相对示值误差，%；

Q_{ij} ——第 i 个校准点第 j 次流量计的累计质量变化值，kg；

G_{ij} ——第 i 个校准点第 j 次轨道衡计算的净重，kg。

8.3.5 标准表在线校准单次测量的相对示值误差按照式（5）计算。

$$E_{ij} = \frac{Q_{ij} - (Q_s)_{ij}}{(Q_s)_{ij}} \times 100\% \quad\quad (5)$$

式中：

E_{ij} ——第 i 个校准点第 j 次流量计的相对示值误差，%；

Q_{ij} ——第 i 个校准点第 j 次流量计的累计质量变化值，kg；

$(Q_s)_{ij}$ ——第 i 个校准点第 j 次标准表的累计质量变化值，kg。

8.3.6 流量计第 i 个校准点的相对示值误差按照式（6）计算。

$$E_i = \frac{1}{n}\sum_{j=1}^{n} E_{ij} \quad\quad (6)$$

式中：

E_i —— 第 i 个校准点的相对示值误差，%；

E_{ij} —— 第 i 个校准点第 j 次流量计的相对示值误差，%；

n —— 被校流量计在线校准次数。

8.3.7 流量计相对示值误差按照式（7）计算。

$$E = (E_i)_{\max} \quad\cdots\cdots\cdots\cdots\cdots\cdots\cdots\cdots\cdots\cdots\cdots\cdots\cdots \text{（7）}$$

式中：

E —— 流量计的示值误差，%；

$(E_i)_{\max}$ —— 流量计各校准点相对示值误差的最大值，%；

8.3.8 第 i 个校准点流量计重复性按照式（8）计算。

$$(E_r)_i = \frac{(E_{ij})_{\max} - (E_{ij})_{\min}}{d_n} \quad\cdots\cdots\cdots\cdots\cdots\cdots\cdots \text{（8）}$$

式中：

$(E_r)_i$ —— 第 i 个校准点流量计的重复性，%；

$(E_{ij})_{\max}$ —— 第 i 个校准点流量计相对示值误差的最大值，%；

$(E_{ij})_{\min}$ —— 第 i 个校准点流量计相对示值误差的最小值，%；

d_n —— 极差系数。

极差系数 d_n 数值见表 3。

表 3 d_n 数值表

n	2	3	4	5	6	7	8	9	10
d_n	1.13	1.69	2.06	2.33	2.53	2.7	2.85	2.97	3.08

8.3.9 流量计重复性按照式（9）计算。

$$E_r = [(E_r)_i]_{\max} \quad\cdots\cdots\cdots\cdots\cdots\cdots\cdots\cdots\cdots\cdots\cdots \text{（9）}$$

式中：

E_r —— 流量计的重复性，%；

$[(E_r)_i]_{\max}$ —— 各校准点重复性的最大值，%。

9 校准结果表达

9.1 校准记录和校准证书（内页）参考格式分别见附录 A 和附录 C。

9.2 校准结果不确定度的评定方法与示例见附录 B。

10 复校时间间隔

使用单位可根据质量流量计的比对结果和生产工况的实际情况，合理确定校准时间间隔。

若非客户要求，校准结果一般不给出复校时间间隔。

附录 A 校准记录参考格式

送校单位＿＿＿＿＿＿＿＿＿＿＿＿＿＿＿＿＿＿＿＿

器具名称＿＿＿＿＿＿＿＿＿＿＿＿＿＿＿＿＿ 器具位号＿＿＿＿＿＿＿＿＿＿＿＿

制造单位＿＿＿＿＿＿＿ 型号规格＿＿＿＿＿＿＿ 器具编号＿＿＿＿＿＿＿＿＿＿＿＿

环境温度＿＿＿＿＿＿＿ 相对湿度＿＿＿＿＿＿＿ 校准地点＿＿＿＿＿＿＿＿

校准日期＿＿＿＿＿＿＿＿＿＿＿ 证书编号＿＿＿＿＿＿＿＿＿＿＿＿＿

校准员＿＿＿＿＿＿＿＿＿＿＿＿ 核验员＿＿＿＿＿＿＿＿＿＿＿＿＿

校准依据＿＿＿＿＿＿＿＿＿＿＿＿＿＿＿＿＿＿＿＿＿

校准所用的主要计量标准器：

名称＿＿＿＿＿＿＿＿＿＿＿＿＿ 型号＿＿＿＿＿＿＿ 出厂编号＿＿＿＿＿＿＿＿＿

测量范围＿＿＿＿＿＿＿＿＿＿ 准确度等级＿＿＿＿＿＿＿＿＿＿＿＿＿

证书编号＿＿＿＿＿＿＿＿＿＿ 有效期限＿＿＿＿＿＿＿＿＿＿＿＿＿

校准介质＿＿＿＿＿＿＿＿＿ 介质温度＿＿＿＿＿＿ 介质压力＿＿＿＿＿＿＿＿

启输时间＿＿＿＿＿＿＿＿＿ 停输时间＿＿＿＿＿＿＿

　　轨道衡校准流量计的现场校准记录、标准表校准流量计的现场校准记录、单表校准记录汇总分别见表 A.1、表 A.2、表 A.3。

表 A.1 现场校准记录（轨道衡校准流量计）

序号	位号	车号	车型号	前表数/t	后表数/t	表量/t	皮重/t	毛重/t	过磅净重/t

校准：　　　　　　　　　核验：　　　　　　　　　校准日期：　　　年　　月　　日

表 A.2　现场校准记录（标准表校准流量计）

序号	位号	车号	车型号	被校表前表数/t	被校表后表数/t	被校表表量/t	标准表前表数/t	标准表后表数/t	标准表表量/t

校准：　　　　　　　　　核验：　　　　　　　　　校准日期：　　年　月　日

表 A.3　单表校准记录汇总

位号：＿＿＿＿＿＿＿＿＿

序号	标准值/t	被校值/t	示值误差/t
累计值/t			
相对示值误差/%			
重复性/%			
相对扩展不确定度/%（$k=2$）			

校准：　　　　　　　　　核验：　　　　　　　　　校准日期：　　年　月　日

附录 B　校准结果不确定度的评定方法与示例

a）建立测量模型

测量模型见式（B.1）。

$$E_i = \frac{X_i - Y_i}{Y_i} \times 100\% \quad\quad\quad\quad （B.1）$$

式中：

E_i —— 第 i 个被校准点的相对示值误差，%；

X_i —— 第 i 个被校准点的流量计累计质量变化值，kg；

Y_i —— 第 i 个被校准点的标准器累计质量变化值，kg。

相对示值误差的标准不确定度按照式（B.2）计算。

$$u_{(E_i)} = \sqrt{u_{(X_i)}^2 / X_i^2 + u_{(Y_i)}^2 / Y_i^2} \quad\quad\quad\quad （B.2）$$

式中：

$u_{(E_i)}$ —— 第 i 次被校准相对示值误差的合成标准不确定度，%；

$u_{(X_i)}^2 / X_i^2$ —— 第 i 次被校流量计相对标准不确定度，%；

$u_{(Y_i)}^2 / Y_i^2$ —— 第 i 次标准器相对标准不确定度，%。

b）A 类标准不确定度评定

1）每台被校流量计取得 n 组在线校准数据。当 $n \leqslant 10$ 时，采用极差法计算相对示值误差的标准偏差，见式（B.3）。

$$S_x = \frac{E_{\max} - E_{\min}}{d_n} \quad\quad\quad\quad （B.3）$$

式中：

S_x —— 被校流量计试验标准偏差，%；

$E_{\max}$ —— 被校流量计在线校准获取的最大相对示值误差，%；

$E_{\min}$ —— 被校流量计在线校准获取的最小相对示值误差，%。

极差系数 d_n 数值见表 3。

2）在此测量过程中，测量结果相对示值误差的 A 类标准不确定度按照式（B.4）计算。

$$u_A = S_x / \sqrt{n} \quad\cdots\cdots\cdots\cdots\cdots\cdots\cdots\cdots\cdots\quad （B.4）$$

式中：

u_A —— 被校流量计 A 类标准不确定度，%；

n —— 被校流量计在线校准次数。

c）B 类标准不确定度评定

1）轨道衡的标准不确定度

查轨道衡检定证书获取量程为 Y 的轨道衡检定分度值，求轨道衡的最大允许误差 MPEV 按均匀分布，轨道衡 B 类标准不确定度按式（B.5）计算。

$$u_B = \frac{MPEV}{\sqrt{3} \times Y} \quad\cdots\cdots\cdots\cdots\cdots\cdots\cdots\quad （B.5）$$

2）标准表的标准不确定度

查标准表检定证书获取标准表的准确度等级 $\pm b$ 按均匀分布，标准表的 B 类标准不确定度按式（B.6）计算。

$$u_B = b / \sqrt{3} \quad\cdots\cdots\cdots\cdots\cdots\cdots\cdots\cdots\cdots\quad （B.6）$$

d）合成标准不确定度

1）轨道衡在线校准质量流量计合成标准不确定度

按上述分量不相关，计算合成标准不确定度，见式（B.7）。

$$u_C = \sqrt{u_A^2 + u_B^2} \quad\cdots\cdots\cdots\cdots\cdots\cdots\cdots\quad （B.7）$$

2）标准表在线校准质量流量计合成标准不确定度

按上述分量不相关，计算合成标准不确定度，见式（B.7）。

e）扩展不确定度的确定

两种在线校准方法都可采用式（B.8）计算。

$$U = k u_C \quad\cdots\cdots\cdots\cdots\cdots\cdots\cdots\cdots\cdots\cdots\quad （B.8）$$

式中：

U —— 扩展不确定度，%；

k —— 包含因子。

示例：由某次小鹤管装车在线校准的原始记录得到以下数据：

位号：12-4，介质：汽油

1）轨道衡在线校准流量计获取 3 组数据，见表 B.1。

表 B.1　轨道衡在线校准数据记录

序号	1	2	3	4	5	6	平均值
轨道衡/kg	55920	55900	55160	55860	55960	55910	55785
流量计/kg	55979	55979	55162	55870	55968	55960	55820
示值误差/kg	59	79	2	10	8	50	35
相对示值误差/%	0.105	0.141	0.003	0.018	0.014	0.08	0.06

计算：$u_A = \dfrac{0.141 - 0.003}{2.53 \times \sqrt{6}} = 0.022\%$

2）查轨道衡检定证书获取 100t 轨道衡检定分度值 20kg，轨道衡的最大允许误差 MPEV=±1.5e=±30kg。

计算：$u_B = (30 / \sqrt{3}) / 100000 = 0.017\%$

3）合成标准不确定度计算：$u_C = \sqrt{(0.022\%)^2 + (0.017\%)^2} = 0.028\%$

4）扩展不确定度计算：$U = 2 \times 0.0028\% = 0.05\%$

即扩展不确定度 U=0.05%，k=2。

附录 C 校准证书（内页）参考格式

1.本单位出具的数据均可溯源至国家和国际计量基准

2.本次校准依据的技术文件

3.本次校准所使用的计量器具

　　名称_____　编号_____　不确定度_____　证书号_____

4.校准的环境条件

　　温度/℃_____　相对湿度/%_____　大气压力/kPa_____　介质_____

5.校准结果

序号	标准表示值/kg	被测表示值/kg	相对示值误差/%
1			
2			
3			
4			
5			
6			
平均值			

6.质量流量计的测量不确定度：$U=$_____（$k=2$）

7.附注

旋进旋涡流量计在线校准方法

1 范围 ································· 22

2 引用文件 ····························· 22

3 概述 ································· 22

   3.1 测量原理 ························ 22

   3.2 校准方法 ························ 24

4 计量特性 ····························· 25

   4.1 扩展不确定度 ···················· 25

   4.2 重复性 ························· 25

5 校准条件 ····························· 25

   5.1 通用技术要求 ···················· 25

   5.2 基本要求 ························ 26

   5.3 校准条件 ························ 26

6 校准项目 ····························· 26

   6.1 主要校准设备及技术参数 ············ 26

   6.2 校准准备 ························ 27

   6.3 校准步骤 ························ 28

   6.4 数据处理 ························ 28

7 校准结果表达 ·························· 30

8 复校时间间隔 ·························· 30

附录 A　校准记录参考格式 ……………………………………………… 31

附录 B　校准证书（内页）参考格式 …………………………………… 32

　　石化企业具有连续生产的特点，研究不拆卸旋进旋涡流量计即在线校准并验证旋进旋涡流量计的准确度，解决因连续生产而导致的无法拆卸旋进旋涡流量计送检或防止送检过程中可能导致损坏等问题很有必要。

　　本方法根据旋进旋涡流量计的在线校准现状，参照 JJG 1121《旋进旋涡流量计检定规程》进行制定，主要技术指标也参照执行。

　　本方法所用术语，除在本方法中专门定义的外，均采用 JJF 1001《通用计量术语及定义》和 JJF 1004《流量计量名词术语及定义》。

　　根据 JJF 1071—2010《国家计量校准规范编写规则》3.1、3.2，本方法将示值误差/流量校准系数列为计量性能并作为计量校准的主要内容。

1　范围

　　本方法适用于旋进旋涡流量计在线校准，核查其测量准确度。

2　引用文件

　　下列文件对于本方法的应用是必不可少的。凡是注日期的引用文件，仅注日期的版本适用于本方法；凡是不注日期的引用文件，其最新版本适用于本方法。

　　JJG 643　标准表法流量标准装置检定规程

　　JJG 882　压力变送器检定规程

　　JJG 1121　旋进旋涡流量计检定规程

　　JJF 1001　通用计量术语及定义

　　JJF 1004　流量计量名词术语及定义

　　JJF 1071　国家计量校准规范编写规则

　　JJF 1183　温度变送器校准规范

3　概述

3.1　测量原理

3.1.1 旋进旋涡流量计主要由壳体（文丘里管）、旋涡发生体、频率感测元件（压电晶体）、微处理器（电路板）、温度及压力传感器等部件组成，其外形结构如图1所示。

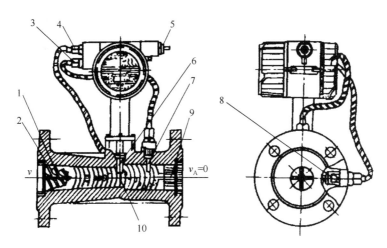

1—旋涡发生体；2—文丘里管；3—温度传感器输入口；4—压力传感器输入口；5—信号输出口；

6—压电晶体；7—温度传感器；8—压力传感器；9—出口导流体；10—旋涡

图 1 旋进旋涡流量计外形结构图

当被测介质沿管道中轴到达仪表上游入口时，其固定于端部的涡扇形叶片首先迫使流体进行旋转运动，形成旋涡流。由于流体本身具有动能，旋涡流继续在文丘里管中向前旋进，在流体到达文丘里管的收缩段时，由于节流作用使得旋涡流动能增加、流速加大；当进入扩散段后，又因回流的作用流体被迫进行二次旋转。产生的旋涡频率再经频率感测元件（压电晶体）检测、转换及前置放大器的放大、滤波和整形等一系列过程之后，旋涡频率就被转变成了与被测介质流速大小成正比的脉冲信号，然后再与温度、压力等检测信号一起被送往微处理器（电路板）进行积算处理，最后在液晶显示器（LCD）上显示出测量结果（标准状况下的瞬时流量、温度、压力数据）。

使用旋进旋涡流量计能可靠地测量工况条件下的体积流量，计算公式见式（1）。

$$Q_V = \frac{3600 \times f}{k} \cdots\cdots\cdots\cdots\cdots\cdots\cdots (1)$$

式中：

Q_V ——工况条件下的体积流量，m³/h；

f ——旋进旋涡流量计传感器输出频率，Hz；

k ——工况条件下的流量系数，1/L。

3.1.2 当测量气体介质时，按理想气体状态方程，将工况流量换算成标况流量，见式（2）。

$$Q_N = Q_V \times \frac{P}{P_N} \times \frac{T_N}{T} \quad\cdots\cdots\cdots\cdots\cdots\cdots\cdots\cdots\cdots\cdots\cdots（2）$$

式中：

Q_N ——标况流量，Nm³/h（标况一般是指当地 1 个标准大气压，0℃下的状况）；

Q_V ——工况流量，m³/h；

P_N ——标况绝对压力，MPa（当地标准大气压）；

P ——工况绝对压力，MPa（当地标准大气压+介质工况表压力）；

T_N ——标况绝对温度，K（标准状态摄氏温度值+273.15）；

T ——工况绝对温度，K（介质工况摄氏温度值+273.15）。

3.2 校准方法

旋进旋涡流量计从结构上分为两部分，包括管道扇叶起旋器和文丘里节流管段部分，温压传感器、频率及信号转换模块部分。起旋器和文丘里节流管段部分为固定部件，正常使用不会发生特性变化，若出现堵塞、部件腐蚀等问题，可通过在同样工况条件下，流量发生异常变化进行判断并检维修。本方法是对旋进旋涡流量计温压传感器、频率及信号转换模块性能进行校准。

频率校准装置安装示意图如图 2 所示。

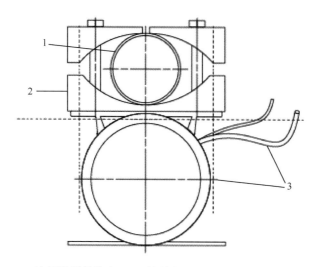

1—流量计测量管段；2—管道夹具；3—振荡频率发生器

图2 频率校准装置安装示意图

4 计量特性

4.1 扩展不确定度

在线校准流量范围内，旋进旋涡流量计的扩展不确定度应符合表1的规定。

表1 准确度等级

准确度等级	1.0	1.5	2.5
扩展不确定度/%	±1.0	±1.5	±2.5

4.2 重复性

在线校准条件下，旋进旋涡流量计的重复性误差不应超过其准确度等级的1/3。

5 校准条件

5.1 通用技术要求

被校旋进旋涡流量计运行参数应符合流量计出厂计算书的技术参数规格要求。

5.2 基本要求

5.2.1 仪表参数检查

参照国家标准（或生产厂家的企业标准）、旋进旋涡流量计说明书，对现场被校旋进旋涡流量计的安装符合性进行确认，并对系统设置的仪表参数、机械及电子测试、接地电阻、报警信息等进行检查，确认旋进旋涡流量计运行正常。

查看仪表参数是否有改动，有条件时调取出厂在线校准历史数据，对比一个运行周期内仪表的数据波形，初步确认整表工作正常。

5.2.2 旋进旋涡流量计应有前次的检定/校准证书。

5.3 校准条件

5.3.1 校准方法中所使用的主要标准器和配套标准器须经检定/校准合格且在有效期内。

5.3.2 确保被检测表体内无液体介质。

5.3.3 校准环境无各种频率的振动干扰和电磁干扰。

5.3.4 电源和其他设备满足现场工况要求。

5.3.5 场地满足安全操作要求。

6 校准项目

6.1 主要校准设备及技术参数

6.1.1 标准压力发生仪（压力校验仪）

压力发生范围：能覆盖被校准压力变送器量程或实际压力测量范围；

控制稳定性＜0.1%FS；

目标压力稳定持续时间≥5min。

6.1.2 标准温度传感器（温度校验仪）

温度发生范围：能覆盖被校准温度变送器/温度传感器实际温度测量范围；

准确度：±0.5℃；

分辨力：0.1℃。

6.1.3 标准信号发生器

信号发生范围：能覆盖被校准旋进旋涡流量计量程或实际产生信号范围；

控制稳定性＜0.05%FS；

目标稳定持续时间≥5min；

控制响应时间＜30s。

6.1.4 标准振荡频率发生器

振荡频率发生范围：尽可能覆盖被校准旋进旋涡流量计量程或实际产生频率范围；

控制稳定性＜0.5%FS；

目标稳定持续时间≥5min；

控制响应时间＜30s。

6.2 校准准备

6.2.1 获取旋进旋涡流量计出厂（或首次）校准数据。

6.2.2 振荡频率发生器经预热稳定工作后，作为标准频率。

6.2.3 选择校准频率（流量）点，与旋进旋涡流量计最小频率（流量）点 Q_{min}、最大频率（流量）点 Q_{max} 及正常频率（流量）点一致。

6.2.4 单项校准

6.2.4.1 温度变送器校准

在确认被校准温度变送器量程与参数设置清单中温度量程上下限一致后，使用标准温度传感器（温度校验仪）按照 JJF 1183《温度变送器校准规范》进行校准。

6.2.4.2 压力变送器校准

在确认被校准压力变送器量程与参数设置清单中压力量程上下限一致后，使用标准压力发生仪（压力校验仪）按照 JJG 882《压力变送器检定规程》进行校准。

6.2.4.3 电路板（流量积算仪）校准

确认液晶屏显示正常，用信号发生器给标准频率信号，用标准压力校验仪给固定压力，在标准温度校验仪上输入环境温度，观察液晶屏上显示数值是否正常。调节不同输入频率、不同压力，观察电路板处理计算能力是否正常，确认计算结果是否正确。

6.3 校准步骤

6.3.1 用夹具将频率发生器紧固在旋进旋涡流量计的底部，电路板调节到测试模式。

6.3.2 根据实际流量数据，选取 3～5 个流量校准点，计算对应的频率值。

6.3.3 开启频率发生器，调节频率至校准点对应频率值，待流量计频率（流量）指示平稳 30s 后，分别记录相同时间下频率发生器发生频率 F_n 和仪表测量频率 f_n，计算两者之间的误差。

6.3.4 每个校准点至少重复 3 次，分别计算每次测量的误差值。

6.3.5 计算旋进旋涡流量计频率（流量）的示值误差和重复性。

6.4 数据处理

6.4.1 第 i 个校准流量点第 j 次校准的流量计示值误差

第 i 个校准流量点第 j 次校准的流量计示值误差按式（3）计算。

$$E_{ij} = \frac{Q_{ij} - (Q_v)_{ij}}{(Q_v)_{ij}} \times 100\% \cdots\cdots\cdots\cdots\cdots\cdots\cdots（3）$$

式中：

E_{ij} ——第 i 个校准流量点第 j 次校准的旋进旋涡流量计测量工况体积流量相对示值误差，%；

Q_{ij} —— 第 i 个校准流量点第 j 次校准的旋进旋涡流量计测量工况体积流量，m^3/h；

$(Q_v)_{ij}$ —— 第 i 个校准流量点第 j 次校准装置给出工况体积流量换算到旋进旋涡流量计工况体积流量，m^3/h。

6.4.2　第 i 个校准流量点的旋进旋涡流量计示值误差

第 i 个校准流量点的旋进旋涡流量计示值误差按式（4）计算。

$$E_i = \frac{1}{n}\sum_{j=1}^{n} E_{ij} \quad\cdots\cdots\cdots\cdots\cdots\cdots\cdots\cdots\cdots\cdots\cdots （4）$$

式中：

E_i —— 第 i 个校准流量点的旋进旋涡流量计工况体积流量相对示值误差，%；

n —— 第 i 个校准流量点的校准次数。

6.4.3　流量计示值误差 E

对于液体旋进旋涡流量计，取所有校准流量点的示值误差绝对值的最大值作为流量计示值误差。

对于气体旋进旋涡流量计，分别取高区 $Q_t \leqslant Q \leqslant Q_{max}$ 和低区 $Q_{min} \leqslant Q \leqslant Q_t$ 流量范围内各校准流量点的流量计示值误差绝对值的最大值，分别作为高区和低区的流量计示值误差。

注：Q_t 为分界流量，对应的流量为 $0.2Q_{max}$。

6.4.4　第 i 个校准流量点的流量计重复性

第 i 个校准流量点的流量计重复性按式（5）计算。

$$(E_r)_i = \left[\frac{1}{(n-1)}\sum_{j=1}^{n}(E_{ij}-E_i)^2\right]^{\frac{1}{2}} \quad\cdots\cdots\cdots\cdots\cdots\cdots （5）$$

式中：

$(E_r)_i$ —— 第 i 个校准流量点 j 次校准流量点的流量计重复性，%。

29

6.4.5 流量计重复性 E_t

对于液体旋进旋涡流量计，取所有校准流量点的重复性最大值作为流量计的重复性。

对于气体旋进旋涡流量计，分别取 $Q_t \leqslant Q \leqslant Q_{max}$ 和低区 $Q_{min} \leqslant Q \leqslant Q_t$ 流量范围内各校准流量点的流量计重复性最大值，分别作为高区和低区的流量计重复性。

7 校准结果表达

出具校准数据，校准记录和校准证书（内页）参考格式分别见附录 A 和附录 B。

本方法是对测量元件和信号转换部分进行的校准。管道结构若出现腐蚀变形或异物堵塞，通过本方法校准不能得到正确结果，应通过工艺流程分析验证校准数据。

8 复校时间间隔

使用单位可根据旋进旋涡流量计的校准结果和生产工况的实际情况，合理确定复校时间间隔。

附录 A 校准记录参考格式

送校单位＿＿＿＿＿＿＿＿＿＿＿＿＿＿＿＿ 器具名称＿＿＿＿＿＿＿＿＿＿＿＿＿＿＿＿

制造单位＿＿＿＿＿＿＿＿＿＿＿＿＿＿＿＿ 型号规格＿＿＿＿＿＿＿＿＿＿＿＿＿＿＿＿

器具编号＿＿＿＿＿＿＿＿＿＿＿＿＿＿＿＿＿＿＿＿＿

环境温度＿＿＿＿＿＿＿＿＿＿＿＿＿＿＿＿ 相对湿度＿＿＿＿＿＿＿＿＿＿＿＿＿＿＿＿

校准地点＿＿＿＿＿＿＿＿＿＿＿＿＿＿＿＿ 校准日期＿＿＿＿＿＿＿＿＿＿＿＿＿＿＿＿

证书编号＿＿＿＿＿＿＿＿＿＿＿＿＿＿＿＿＿＿

校准员＿＿＿＿＿＿＿＿＿＿＿＿＿＿＿＿＿ 核验员＿＿＿＿＿＿＿＿＿＿＿＿＿＿＿＿＿

校准依据＿＿＿＿＿＿＿＿＿＿＿＿＿＿＿＿＿＿

校准所用的主要计量标准器：

名称＿＿＿＿＿＿＿＿＿＿ 型号＿＿＿＿＿＿＿＿＿＿ 编号＿＿＿＿＿＿＿＿＿＿

测量范围＿＿＿＿＿＿＿ 准确度＿＿＿＿＿＿＿ 有效期限＿＿＿＿＿＿＿＿

校准介质＿＿＿＿＿＿＿ 流量范围＿＿＿＿＿＿＿

介质温度＿＿＿＿＿＿＿ 测量温度＿＿＿＿＿＿＿ 标准温度仪温度＿＿＿＿＿＿＿

介质压力＿＿＿＿＿＿＿ 测量压力＿＿＿＿＿＿＿ 标准压力表压力＿＿＿＿＿＿＿

测试点	测试项目				示值误差 E_{ij}/%	示值误差 E_i/%	重复性 E_r/%
	标准器		被检表				
	频率 f/Hz	流量 Q/（t/h）	频率 f/Hz	流量 Q_V/（t/h）			
1							
2							
3							
4							
结论	系数 k	$Q_{min} \leq Q \leq Q_t$ 示值误差/%	$Q_t \leq Q \leq Q_{max}$ 示值误差/%			重复性/%	

附录 B 校准证书（内页）参考格式

校准介质_____

介质温度_____

介质压力_____

流量范围_____

输出方式_____

示值误差_____

仪表系数_____

修正系数_____

其　　他_____

水运装船流量计在线校准规范

1 范围 ……………………………………………………………………………… 35

2 引用文件 ………………………………………………………………………… 35

3 术语 ……………………………………………………………………………… 36

4 概述 ……………………………………………………………………………… 37

    4.1 质量流量计工作原理 …………………………………………………… 37

    4.2 质量流量计在线校准 …………………………………………………… 37

5 计量特性 ………………………………………………………………………… 37

    5.1 扩展不确定度 …………………………………………………………… 37

    5.2 重复性 …………………………………………………………………… 37

6 校准条件 ………………………………………………………………………… 37

    6.1 环境条件 ………………………………………………………………… 37

    6.2 储罐计量及配套设备 …………………………………………………… 38

    6.3 标准表及配套设备 ……………………………………………………… 38

    6.4 油品性质 ………………………………………………………………… 38

7 校准项目 ………………………………………………………………………… 39

8 储罐静态计量在线校准流量计方法 …………………………………………… 39

    8.1 校准前准备 ……………………………………………………………… 39

    8.2 校准步骤 ………………………………………………………………… 39

    8.3 安全注意事项 …………………………………………………………… 41

    8.4 校准结果计算 …………………………………………………………… 41

8.5 校准结果表达 ……………………………………………………… 42

8.6 复校时间间隔 ……………………………………………………… 43

9 标准表在线校准流量计方法（不含在线校准装置） …………………… 43

9.1 校准前准备 ………………………………………………………… 43

9.2 校准步骤 …………………………………………………………… 43

9.3 安全注意事项 ……………………………………………………… 44

9.4 校准结果计算 ……………………………………………………… 44

9.5 校准结果表达 ……………………………………………………… 44

9.6 复校时间间隔 ……………………………………………………… 44

10 标准表在线校准流量计方法（含在线校准装置） ……………………… 44

10.1 校准前准备 ……………………………………………………… 44

10.2 校准步骤 ………………………………………………………… 44

10.3 安全注意事项 …………………………………………………… 46

10.4 校准结果计算 …………………………………………………… 46

10.5 校准结果的表达 ………………………………………………… 46

11 复核时间间隔 …………………………………………………………… 46

附录 A 校准记录参考格式 ………………………………………………… 47

附录 B 校准证书（内页）参考格式 ……………………………………… 48

附录 C 校准结果不确定度的评定方法与示例 …………………………… 49

水运装船流量计一般使用质量流量计，质量流量计周期检定一般都是在实验室（流量标准装置）及其特定条件下完成。在实际装船使用时，质量流量计在拆卸、送检和回装过程中，容易出现损坏等问题，同时受管线振动、安装应力、介质黏度、密度以及温度压力等诸多不确定工艺参数的影响，质量流量计的准确性和重复性有可能偏离离线检定结果，因此在线核查方法是实现质量流量计量值溯源的新途径。

本规范采用静态储罐和标准表作为标准器对质量流量计进行在线核查，具体校准方法参照 GB/T 19779《石油和液体石油产品油量计算　静态计量》和 JJF 1708《标准表法科里奥利质量流量计在线校准规范》进行制定，主要技术指标也参照执行。

本规范所用术语，除在本规范中专门定义的外，均采用 JJF 1001《通用计量术语及定义》和 JJF 1004《流量计量名词术语及定义》。

根据 JJF 1071《国家计量校准规范编写规则》3.1、3.2，本规范将示值误差列为计量性能并作为计量校准的主要工作。

本规范参考了 JJG 643《标准表法流量标准装置检定规程》对测量标准计量性能的要求，及 JJG 1038《科里奥利质量流量计检定规程》对检定环境条件的要求。

1　范围

本规范适用于成品油水运装船质量流量计在使用中的在线校准或期间核查，用于水运装船的其他类型流量计在线核查也可参考本规范。

2　引用文件

下列文件对于本规范的应用是必不可少的。凡是注日期的引用文件，仅注日期的版本适用于本规范；凡是不注日期的引用文件，其最新版本适用于本规范。

GB/T 1884—2000　原油和液体石油产品密度实验室测定法（密度计法）

GB/T 4756—1998　石油液体手工取样法

GB/T 8927—2008　石油和液体石油产品温度测量　手工法

GB/T 13894—1992　石油和液体石油产品液位测量法（手工法）

GB/T 19779　石油和液体石油产品油量计算　静态计量

GB/T 20728　封闭管道中流体流量的测量　科里奥利流量计的选型、安装和使用指南

JJF 1001　通用计量术语及定义

JJF 1004　流量计量名词术语及定义

JJF 1071　国家计量校准规范编写规则

JJF 1708　标准表法科里奥利质量流量计在线校准规范

JJG 168—2005　立式金属罐容量检定规程

JJG 266　卧式金属罐容量检定规程

JJG 643　标准表法流量标准装置检定规程

JJG 1038　科里奥利质量流量计检定规程

3　术语

3.1　在线校准

确定在线使用中的流量计所指示的量值与对应的由储罐或标准表所复现的量值之间关系的一组操作。

3.2　动态计量

动态计量主要是指油品在管道输送过程中利用流量计进行的在线实时计量。

3.3　静态计量

静态计量是利用标定的器具和设施，测出液体在工况下的体积，通过压力、温度修正后求得标准体积，再利用标准密度算出油品在空气中的质量。

4 概述

4.1 质量流量计工作原理

利用流体在振动管道中流动时产生与质量流量成正比的科里奥利力原理直接测得质量流量的装置。

4.2 质量流量计在线校准

质量流量计在线校准是由储罐或高准确度等级的流量计作标准器复现一组量值，即在流量计工作现场，对流量计进行示值误差的校准并确定流量校准系数的一组操作。

5 计量特性

5.1 扩展不确定度

在线校准流量范围内，流量计的扩展不确定度应符合表 1 的规定。

表 1 准确度等级

准确度等级	0.2	0.5
扩展不确定度/%	±0.2	±0.5

5.2 重复性

在线校准条件下，质量流量计的重复性误差不应超过其准确度的 1/2。

6 校准条件

6.1 环境条件

6.1.1 环境条件一般应满足：环境温度-10～45℃。

6.1.2 工作介质应是充满封闭管道中的单相稳定液体，密度相对稳定，波动范围不超过 1kg/m³。

6.1.3 在防爆区域开展在线校准工作时，所有设备设施及工具应符合相关安全防爆要求。

6.1.4 在工作压力下，标准表和被校准流量计各部件连接处应运行正常，无泄漏。

6.1.5 标准表与被校流量计出口处应保持足够的背压，避免出现介质气化的工况测量条件。

6.1.6 电源满足现场工况要求。

6.1.7 场地满足安全操作要求。

6.1.8 振动和噪声应小到对标准表和被校流量计的影响可忽略不计。

6.2 储罐计量及配套设备

6.2.1 量油尺、温度计和密度计等计量器具应按照相应检定规程进行检定，具备有效的检定证书，使用前应检查，确保外观完好、刻度和数字等清晰。

6.2.2 开展在线校准工作应选用罐容量满足校准需求的储罐，所有储罐油量计算应按照 GB/T 19779《石油和液体石油产品油量计算　静态计量》中的有关要求执行，用于在线校准的储罐应按照 JJG 168—2005《立式金属罐容量检定规程》进行检定。

6.3 标准表及配套设备

6.3.1 标准表流量范围应与被校流量计的流量范围相适应，其测量结果的扩展不确定度应优于或等于被校流量计（≤0.2%），标准表应具备有效的检定/校准证书。若条件允许，建议采用与被校流量计同型号的流量计作为标准表使用。

6.3.2 配套设备压力变送器准确度等级不应低于 0.5 级，压力变送器应具备有效的检定/校准证书。

6.6.3 信号处理与控制系统控制设备应有良好的可操作性，校准流量计与被校准流量计的数据采集和通讯方式应相同，避免造成系统误差。

6.4 油品性质

储罐内的油品性质稳定，不宜出现密度"分层"和温度"分层"现象。

7 校准项目

校准项目为流量计在线计量性能（示值误差）的校准。

8 储罐静态计量在线校准流量计方法

8.1 校准前准备

8.1.1 对储罐进行计量前，应确保储罐内油品储量满足流量计在线校准要求，油罐液位低限应在 4m 以上；认真了解相连管线至流量计前是否充满及相关阀门的开关情况，油品收、发前后与储罐相连输油管线的油品数量应保持相同状态。

8.1.2 开启在线校准工作前，现场确认水运装船流量计安装规范、运行状态正常，无异常报警。

8.2 校准步骤

8.2.1 开启在线校准工作时，流量计管线介质输送 30min 后停泵，确保管线介质充满，同时确保储罐内油品储量不少于最大容积量的 1/2，待液位稳定后上罐进行液位前尺和温度测量，对温度、密度进行修正，根据罐容表计算出质量数据。

8.2.2 油品液位测量

8.2.2.1 油品液位测量操作应按照 GB/T 13894—1992《石油和液体石油产品液位测量法（手工法）》中的有关规定进行。

8.2.2.2 收、付油后必须待液面稳定和泡沫消除后，才可以进行液位高度测量。

8.2.2.3 检尺操作时，应站在上风口，一只手握尺带小心地沿着计量口的下尺槽下尺，尺砣不要摆动，另一只手拇指和食指轻轻地固定下尺位置，使尺带下伸，当尺砣接触油面时应缓慢放尺，以免破坏油面的平稳。

8.2.2.4 当下尺深度接近参照高度时，用摇柄卡住尺带，手腕缓缓下移，手感尺砣触底后核对下尺深度，以确认尺砣触底。注意连续测量 2 次。当轻质油品读数误差不大于 1mm 时，取第一次的读数，超过时应重新检尺。当重质油品读数误差不大于 2mm 时，取第一次的读数，超过时应重新检尺。

8.2.3 油品温度测量

8.2.3.1 油品温度测量操作应按照 GB/T 8927—2008《石油和液体石油产品温度测量 手工法》中的有关规定进行。

8.2.3.2 测温设备可选用便携式电子温度计。便携式电子温度计应选可覆盖预期测量的最低和最高温度的测量范围，最低分辨力为 0.1℃，准确度符合要求的产品且检定合格。

8.2.3.3 正常情况下测 3 点温度。如果其中有一点温度与平均温度相差大于 1℃，则必须在上部和中部、中部和下部测温点之间各加测一点，取 5 点的算术平均值作为油品平均温度。

8.2.3.4 油品计算与液位和温度有紧密的对应关系，测量储罐油品液位后，应立即测量油品温度，不可在测量液面检尺操作前测油品温度，以免造成储罐内液面扰动。

8.2.4 油品密度测量

8.2.4.1 油品手工取样的操作应按照 GB/T 4756—1998《石油液体手工取样法》中的有关规定进行。

8.2.4.2 油品密度测量按照 GB/T 1884—2000《原油和液体石油产品密度实验室测定法（密度计法）》中的有关规定进行。

8.2.4.3 在进行密度分析时，一般选用 SY-05 型密度计或选用更准确的 SY-02 型密度计。

8.2.4.4 发现储罐密度差异较大、有"分层"现象时，可通过油品循环回流进罐静止后进行取样，或通过每隔 1m 深度增加取样点数量，或更换储罐油品开展核查，保证样品的代表性。

8.2.5 流量计测量

8.2.5.1 记录被校流量计的前读数，关闭前后截止阀对流量计进行调零，调零后开启截止阀，开始进行介质输送直至结束，记录流量计的后读数，计算累积量。

8.2.5.2 管线输送介质停止 30min，待液位稳定后上罐进行液位后尺和温度测量，对温度、密度进行修正，根据罐容表计算出质量数据。

8.2.5.3 根据流量计累积量数据和储罐质量数据计算二者比对误差，二者单次比对误差在±0.25%以内视为本次校准结果有效。

8.2.5.4 若二者单次比对误差在±0.25%以内，建议在相同工况下每组开展 3 次比对；若单次比对误差在±0.25%以上，建议根据实际情况增加比对次数，以确认流量计运行状态。

8.2.5.5 若具备条件，可增加不同的校准流量点，重复 8.2.1 至 8.2.5.4 的步骤。

8.3 安全注意事项

上罐检尺存在高处作业风险，应注意做好防护，避免违章操作或在恶劣天气下进行作业。

8.4 校准结果计算

8.4.1 单次测量累积流量示值误差按式（1）计算。

$$E_{ij} = \frac{Q_{ij} - (Q_s)_{ij}}{(Q_s)_{ij}} \times 100\% \quad\cdots\cdots\cdots\cdots\cdots\cdots\cdots\cdots\cdots（1）$$

式中：

E_{ij} —— 第 i 组第 j 次流量计的相对示值误差，%；

Q_{ij} —— 第 i 组第 j 次流量计的累计质量变化值，kg；

$(Q_s)_{ij}$ —— 第 i 组第 j 次标准器的累计质量变化值，kg。

8.4.2 流量计第 i 组的示值误差按式（2）计算。

$$E_i = \frac{1}{n} \sum_{j=1}^{n} E_{ij} \quad\cdots\cdots\cdots\cdots\cdots\cdots\cdots\cdots\cdots（2）$$

式中：

E_i —— 第 i 个校准点示值误差，%；

n —— 校准次数。

8.4.3 流量计示值误差按式（3）计算。

$$E = (E_i)_{\max} \quad \cdots\cdots\cdots\cdots\cdots\cdots\cdots\cdots\cdots\cdots\cdots\cdots\cdots\cdots\cdots（3）$$

式中：

E —— 流量计示值误差，%；

$(E_i)_{\max}$ —— 各校准点示值误差的最大值，%。

8.4.4 第 i 组被校流量计重复性按式（4）计算。

$$(E_r)_i = \frac{(E_{ij})_{\max} - (E_{ij})_{\min}}{d_n} \quad \cdots\cdots\cdots\cdots\cdots\cdots\cdots\cdots\cdots\cdots（4）$$

式中：

$(E_r)_i$ —— 第 i 个校准点的重复性，%；

$(E_{ij})_{\max}$ —— 第 i 个校准点示值误差的最大值，%；

$(E_{ij})_{\min}$ —— 第 i 个校准点示值误差的最小值，%；

d_n —— 极差系数。

极差系数 d_n 数值见表 2。

表 2　d_n 数值表

n	2	3	4	5	6	7	8	9	10
d_n	1.13	1.69	2.06	2.33	2.53	2.70	2.85	2.97	3.08

8.4.5 被校流量计重复性按式（5）计算。

$$E_r = [(E_r)_i]_{\max} \quad \cdots\cdots\cdots\cdots\cdots\cdots\cdots\cdots\cdots\cdots\cdots（5）$$

式中：

E_r —— 流量计的重复性，%；

$[(E_r)_i]_{\max}$ —— 各校准点重复性的最大值，%。

8.5　校准结果表达

8.5.1 校准结果和校准证书（内页）参考格式分别见附录 A 和附录 B。

8.5.2 校准结果不确定度的评定方法与示例见附录 C。

8.6　复校时间间隔

由于流量计的运行状况受现场环境和测量介质等诸多因素影响,使用单位可根据流量计的校准结果和实际工况,合理确定复核时间间隔。

9　标准表在线校准流量计方法(不含在线校准装置)

9.1　校准前准备

9.1.1　标准表和被校准流量计应串联安装在同一条管线。开启在线校准工作前,现场确认标准表和被校准流量计安装规范、运行状态正常,无异常报警。

9.1.2　确认整个管道及接口牢固无泄漏,确认压力变送器、信号处理与控制系统、调节阀等设备与电源连接正常。若被校流量计有多种输出信号,建议首选脉冲/通讯信号进行校准,开启信号采集与处理系统电源。

9.1.3　标准表和被校准流量计应同时考虑压力变化对流量计准确性带来的影响,可采用动态压力补偿或固定补偿(根据厂家指导意见)修正。

9.2　校准步骤

9.2.1　将装船管线进行介质输送 30min 后停泵,确保管线介质充满,对两台流量计的前读数进行记录。

9.2.2　同时关闭校准流量计和比对流量计前后截止阀,对两台(组)流量计进行调零操作,调零完成后开启截止阀,启泵开始输送介质直至结束,记录两台(组)流量计的后读数,分别计算出流量计累积量。

9.2.3　根据累积量计算两台(组)流量计的比对误差,二者单次比对误差在±0.3%以内视为本次校准结果有效。

9.2.4　若二者单次比对误差在±0.3%以内,建议在相同工况下每组开展三次比对;若单次比对误差在±0.3%以上,建议根据实际情况增加比对次数,以确认流量计运行状态。

9.2.5　若具备条件,可增加不同的校准流量点,重复 9.2.1 至 9.2.5 的步骤。

9.3 安全注意事项

现场进行流量计操作时，应注意遵守现场安全管理规定，劳保穿戴齐全。

9.4 校准结果计算

同 8.4.1 至 8.4.5。

9.5 校准结果表达

同 8.5.1 至 8.5.2。

9.6 复校时间间隔

同 8.6。

10 标准表在线校准流量计方法（含在线校准装置）

10.1 校准前准备

10.1.1 将标准表及其配套设施移至校准现场，确认其外观正常、连接稳固、电源断开、阀门处于关闭状态。

10.1.2 将在线校准装置与在线的被校流量计入口或出口串联连接，确认整个管道及接口牢固无泄漏，确认压力变送器、信号处理与控制系统、调节阀等设备与电源连接正常。若被校流量计有多种输出信号，建议首选脉冲/通讯信号进行校准，开启信号采集与处理系统电源。

10.1.3 标准表和被校准流量计应同时考虑压力变化对流量计准确性带来的影响，可采用动态压力补偿或固定补偿（根据厂家指导意见）修正。

10.2 校准步骤

10.2.1 开启在线校准装置，调节流量使标准流量计在实际工作条件下的流量点稳定运行一段时间，一般不少于 20min，保证校准管线和流量计充满流体，满足调零时所需的条件。

10.2.2 应按使用要求进行零点调整，先关闭流量计后阀，再关闭流量计前阀，使调零时传感器测量管工作介质处于静止、满管状态。

10.2.3 标准流量计和被校流量计在零点调整后，可设定校准次数、校准时间、校准流量点等参数。参数设定好后由工艺操作人员输送工作介质，根据校准流量点通过调节在线校准装置的调节阀门或工艺阀门的开度来控制流量。

10.2.4 校准过程中要避免油品的泄漏，安装和拆卸过程中产生的油品应进行回收，有条件的可增加配套油品回收设施。

10.2.5 操作步骤参照 JJG 1038《科里奥利质量流量计检定规程》。

10.2.6 校准流量点选择及要求：

10.2.6.1 校准流量点通常为实际工作条件下的流量点，以 Q_i 表示，校准次数不少于 3 次。

10.2.6.2 如果条件允许可适当增加一个校准流量点，每个流量点校准次数不少于 3 次。

10.2.6.3 在校准过程中，每个流量点的实际流量与设定流量的偏差不超过设定流量的 ±5%。

10.2.6.4 当流量稳定后，同步采集标准流量计和被检流量计脉冲信号。当实际校准时间等于设定校准时间后，停止采集。记录本次校准数据，并计算校准流量点的示值误差和重复性。

10.2.6.5 若示值误差不超过流量计最大允许误差，原系数保持不变；当示值误差超过流量计最大允许误差时，建议进行离线检定。

10.2.6.6 校准时间由被校流量计 1 个脉冲所代表的流量（其他信号输出时可按流量显示的最小分度值）占 1 次校准累积流量的误差，应不超过被校流量计最大允许误差的 1/10 确定，且 1 次校准时间不少于 20min，在线校准装置和被校流量计应进行在线压力补偿。

10.2.6.7 校准流量点选择及要求尽量参照 JJG 1038《科里奥利质量流量计检定规程》。

10.2.6.8 校准结束后，应采取一定的保护措施，以防校准系数被不当改动，并按规定要求将在线校准装置撤离现场。

10.3　安全注意事项

现场进行流量计操作时，应注意遵守现场安全管理规定，劳保穿戴齐全。

10.4　校准结果计算

同 8.4.1 至 8.4.5。

10.5　校准结果的表达

同 8.5.1 至 8.5.2。

11　复校时间间隔

同 8.6。

附录 A 校准记录参考格式

校准单位＿＿＿＿＿＿＿＿＿＿＿＿＿＿＿＿ 器具名称＿＿＿＿＿＿＿＿＿＿＿＿＿＿＿＿＿＿＿

制造单位＿＿＿＿＿＿＿＿ 型号规格＿＿＿＿＿＿＿ 器具编号＿＿＿＿＿＿＿＿＿＿

环境温度＿＿＿＿＿＿＿＿ 相对湿度＿＿＿＿＿＿＿ 校准地点＿＿＿＿＿＿＿＿＿＿

校准日期＿＿＿＿＿＿＿＿＿＿＿＿＿ 证书编号＿＿＿＿＿＿＿＿＿＿＿＿＿＿＿＿＿

校准员＿＿＿＿＿＿＿＿＿＿＿＿＿＿ 核验员＿＿＿＿＿＿＿＿＿＿＿＿＿＿＿＿＿＿

校准依据＿＿＿＿＿＿＿＿＿＿＿＿＿＿＿＿＿＿＿＿＿＿＿＿＿＿＿＿＿＿＿＿＿＿＿

校准所用的主要标准计量器具：

名称＿＿＿＿＿＿＿＿＿＿＿＿＿＿＿＿＿ 型号＿＿＿＿＿＿＿＿＿＿＿＿＿＿＿＿＿＿

编号＿＿＿＿＿＿＿＿＿＿＿＿＿＿＿＿＿ 测量范围＿＿＿＿＿＿＿＿＿＿＿＿＿＿＿

准确度等级□/最大允许误差□/扩展不确定度□＿＿＿＿＿＿＿＿＿＿＿＿＿＿＿＿＿＿

证书编号＿＿＿＿＿＿＿＿＿＿＿＿＿＿＿ 有效期限＿＿＿＿＿＿＿＿＿＿＿＿＿＿＿

被校流量计：

流量范围＿＿＿＿＿＿＿＿ 输出方式＿＿＿＿＿＿＿ 工作介质＿＿＿＿＿＿＿＿＿＿

介质温度＿＿＿＿＿＿＿＿ 介质压力＿＿＿＿＿＿＿ 铭牌流量＿＿＿＿＿＿＿＿＿＿

流量系数＿＿＿＿＿＿＿＿

序号	标准值/kg	测量值/kg	示值误差/%	平均示值误差/%	重复性/%	标准不确定度/%
1						
2						
3						

流量计示值误差：＿＿＿＿＿％

流量计重复性：＿＿＿＿＿％

校准结果的扩展不确定度：U_r＝＿＿＿＿＿％（k=2）

附录 B 校准证书（内页）参考格式

工作介质： _____

介质温度： _____

介质压力： _____

流量范围： _____

输出方式： _____

流量计系数： _____

其他： _____

序号	示值误差/%	重复性/%	标准不确定度/%
1			
2			
3			

流量计示值误差： _____%

流量计重复性： _____%

校准结果的扩展不确定度：U_r=_____%（k=2）

附录 C　校准结果不确定度的评定方法与示例

a）建立测量模型

测量模型见式（C.1）。

$$E_i = \frac{X_i - Y_i}{Y_i} \times 100\% \quad\cdots\cdots\cdots\cdots\cdots\cdots\cdots\cdots \text{（C.1）}$$

式中：

E_i —— 被校准流量计第 i 次的相对示值误差，%；

X_i —— 被校准流量计第 i 次累计量，kg；

Y_i —— 标准器（储罐/流量计）第 i 次累计量，kg。

相对示值误差的标准不确定度按式（C.2）计算。

$$u_{(E_i)} = \sqrt{u_{(X_i)}^2 / X_i^2 + u_{(Y_i)}^2 / Y_i^2} \quad\cdots\cdots\cdots\cdots\cdots \text{（C.2）}$$

式中：

$u_{(E_i)}$ —— 第 i 次被校准相对示值误差的合成标准不确定度，%；

$u_{(X_i)}^2 / X_i^2$ —— 第 i 次被校流量计相对标准不确定度，%；

$u_{(Y_i)}^2 / Y_i^2$ —— 第 i 次标准器相对标准不确定度，%。

b）A 类标准不确定度评定

1）每台被校流量计取得 n 组在线校准数据。当 $n \leqslant 10$ 时，采用极差法计算相对示值误差的标准偏差，见式（C.3）。

$$S_{(X_i)} = \frac{(E_i)_{\max} - (E_i)_{\min}}{d_n} \times 100\% \quad\cdots\cdots\cdots\cdots\cdots \text{（C.3）}$$

式中：

$S_{(X_i)}$ —— 第 i 台被校流量计试验标准偏差，%；

$(E_i)_{\max}$ —— 第 i 台被校流量计在线校准获取的最大相对示值误差，%；

$(E_i)_{\min}$ —— 第 i 台被校流量计在线校准获取的最小相对示值误差，%。

极差系数 d_n 数值见表 2。

2）在此测量过程中，测量结果相对示值误差的 A 类标准不确定度按式（C.4）计算。

$$u_A = S_{(X_i)} / \sqrt{n} \quad\cdots\cdots\cdots\cdots\cdots\cdots\cdots\text（C.4）$$

式中：

u_A——第 i 台被校流量计 A 类标准不确定度，%；

n——第 i 台被校流量计在线校准次数。

c）B 类标准不确定度评定

查校准流量计（储罐）检定证书获取校准器具的标准不确定度，见式（C.5）。

$$u_B = a / k \quad\cdots\cdots\cdots\cdots\cdots\cdots\text（C.5）$$

式中：

u_B——第 i 台被校流量计 B 类标准不确定度，%；

a——置信区间的半宽度；

k——置信因子，取 2。

d）合成标准不确定度

按上述分量不相关，计算合成标准不确定度 u_C，见式（C.6）。

$$u_C = \sqrt{u_A^2 + u_B^2} \quad\cdots\cdots\cdots\cdots\text（C.6）$$

e）扩展不确定度的确定

扩展不确定度按 U_r 式（C.7）计算。

$$U_r = k \times u_C \quad（k=2）\quad\cdots\cdots\cdots\cdots\text（C.7）$$

示例：由某次流量计双表在线校准的原始记录得到以下数据：

介质：92#车用汽油

1）在线校准流量计获取 3 组数据，见表 C.1。

表 C.1　流量计双表在线校准数据记录表

序号	1	2	3	平均值
校准流量计/kg	1555020	1555900	1555160	1555360
被校流量计/kg	1553970	1553870	1553960	1553933
示值误差/kg	1050	2030	1200	1427
相对示值误差/%	0.07	0.13	0.08	0.09

计算：$u_A = [(0.13 - 0.07)/1.69]/\sqrt{3} = 0.02\%$

2）查校准流量计检定证书获取 $U_r = 0.05\%$，

计算：$u_B = (0.05/2)/2 = 0.0125\%$

3）合成标准不确定度计算：$u_C = \sqrt{u_A^2 + u_B^2} = \sqrt{0.02^2 + 0.0125^2} = 0.024\%$

4）扩展不确定度计算：$U_r = 0.024 \times 2 = 0.048\%$

即扩展不确定度 $U_r = 0.048\%$，$k = 2$。

水流量计在线校准规范

1 范围 ··· 54

2 引用文件 ·· 54

3 术语 ··· 54

4 校准原理 ·· 55

5 校准要求 ·· 55

    5.1 环境条件 ·· 55

    5.2 被校准的流量计 ·· 56

    5.3 标准表 ·· 56

    5.4 标准管段 ·· 56

    5.5 其他设备 ·· 56

    5.6 主要标准器和配套标准器技术要求 ································ 57

6 校准方法 ·· 57

    6.1 校准项目 ·· 57

    6.2 校准方法 ·· 57

    6.3 安全注意事项 ·· 58

7 校准结果计算 ··· 58

    7.1 在线测量示值误差 ·· 58

    7.2 流量计在线修正系数 ·· 59

    7.3 重复性 ·· 59

    7.4 扩展不确定度 ·· 60

8　校准结果表述 …………………………………………………………………… 60

9　复校时间间隔 …………………………………………………………………… 60

附录 A　在线校准记录格式 …………………………………………………… 61

附录 B　在线校准证书（内页）参考格式 ……………………………… 62

附录 C　校准结果不确定度的评定方法与示例 …………………… 63

附录 D　校准表的选择和校准方法指南 ………………………… 66

附录 E　标准管段位置的选定指南 …………………………………… 68

附录 F　标准表的安装指南 …………………………………………… 69

石化企业生产的特点是长周期连续运行，因此，应设法通过在线校准的方法，在不拆卸电磁等流量计的基础上验证流量计的准确度，解决因连续生产无法拆卸流量计送检或因拆卸送检过程中造成流量计损坏等问题。

1 范围

本规范适用于口径为 DN50 以上的管道式水流量计（以下简称流量计）的在线校准。

2 引用文件

下列文件对于本规范的应用是必不可少的。凡是注日期的引用文件，仅注日期的版本适用于本规范；凡是不注日期的引用文件，其最新版本适用于本规范。

GB 24789　用水单位水计量器具配备和管理通则

JJG 643　标准表法流量标准装置检定规程

JJG 1030　超声流量计检定规程

JJG 1033　电磁流量计检定规程

CJ/T 364　管道式电磁流量计在线校准要求

JJF 1001　通用计量术语及定义

JJF 1004　流量计量名词术语及定义

3 术语

3.1 标准表

本规范中的标准表专指基于时差法原理、用于校准在线使用的流量计的外夹便携式超声流量计。

3.2 标准管段

专门定制的串联在流量计管道上的碳钢或不锈钢管段，其长度不小于被校准流量计管道公称直径的 1.5 倍。

3.3　标准表法

以标准表为标准器，使流体在相同时间间隔内连续通过标准表和流量计，比较两者的输出流量值，从而确定流量计计量性能的校准方法。

3.4　在线校准

在线确定流量计所指示的流量值与标准表所复现的流量值之间关系的一组操作。

3.5　在线示值误差

在线校准测得的流量计示值误差，其中包含了流量计受安装使用环境影响所叠加的附加误差。

4　校准原理

超声流量计对比法：采用外夹式超声流量计作为标准表，将标准表与被测流量计串联，通过对比标准表与被测流量计的流量示值（瞬时值或累计值），从而确定被测流量计的在线示值误差。

5　校准要求

5.1　环境条件

5.1.1　大气环境条件一般应满足：

环境温度：-10～45℃；

相对湿度：35%～95%；

大气压力：86～106kPa。

5.1.2 工作介质应是充满封闭管道的单相稳定液态流体。

5.1.3 电源满足现场工况要求。

5.1.4 场地满足安全操作要求。

5.1.5 外界磁场应小到对标准表和被校流量计的影响可忽略不计。

5.1.6 振动和噪声应小到对标准表和被校流量计的影响可忽略不计。

5.2 被校准的流量计

5.2.1 流量计应满足 GB 24789《用水单位水计量器具配备和管理通则》的要求。

5.2.2 流量计的安装与使用应满足产品说明书的要求。

5.2.3 流量计应有前次的校准或检定证书。

5.3 标准表

5.3.1 标准表采用时差法外夹便携式超声流量计。标准表的选择详见附录 D。

5.3.2 标准表应在液体流量标准装置上做定口径定流速校准。校准方法详见附录 D。

5.3.3 标准表的重复性应优于 0.2%。

5.3.4 标准表测量的管道内径、材质、壁厚、衬里材质及其厚度，以及测量介质类型、介质温度等都应该在标准表说明书规定的范围之内。

5.4 标准管段

5.4.1 推荐在被校准流量计的上游或下游合适位置安装一段几何尺寸已知的管段作为标准管段，其位置的选定方法详见附录 E。

5.4.2 利用现场管道作为标准表安装位置的标准管段，要现场实测管道内径与壁厚，具体方法详见附录 F。

5.4.3 优先选择不带衬里的管道作为标准管段，如无法避开，衬里材质与厚度必须准确已知。

5.5 其他设备

用于测量管道尺寸与壁厚的计量器具应有有效的检定或校准证书。

管道外径测量推荐使用Ⅰ级卷尺，壁厚测量推荐使用测厚仪。

5.6 主要标准器和配套标准器技术要求

主要标准器和配套标准器技术要求见表1。

表1 主要标准器和配套标准器技术要求

序号	标准器名称	测量范围	技术指标	用途
1	标准表	0～10m/s	重复性优于0.2%	流量校准
2	测厚仪	0～50mm	分辨力0.1mm	测管道壁厚
3	卷尺	2m；5m；10m	Ⅰ级	测管道外径
4	秒表	>999s	分辨力1/100s	计时

6 校准方法

6.1 校准项目

流量计在线计量性能的校准。

6.2 校准方法

6.2.1 一般检查

6.2.1.1 现场检查流量计转换器中影响计量准确度关键参数的输入是否正确。

6.2.1.2 观察并记录流量计当前的工作流速。

6.2.1.3 检查标准表的内置仪表系数，确认是与被校准流量计口径与流速相吻合的仪表系数。

6.2.2 标准表的安装位置选择与测量管道的测量详见附录E。

6.2.3 校准流量点

根据现场实际情况与流量计用户协商确定校准流量点，每个流量点一般至少校准3次。流量点一般选择1～3个，现场无法调节流量时可采用在不同时段校准的方法进行不同流量点的校准。

6.2.4 在线测量示值误差校准

在线测量示值误差校准分瞬时流量法和累计流量法两种。当现场流量波动小于3%时，建议采用瞬时流量法；当现场流量波动大于3%时，建议采用累计流量法；当被校准流量计流量示值分辨率小于千分之一时，只能采用累计流量法。

每次校准时，一般由两名校准人员同时读取并记录流量计和标准表的流量示值。若采用瞬时流量法，则至少读取30个瞬时流量数值，每次读数间隔60s，之后在做平均值计算时允许按规则剔除读数粗大误差，以计算出的平均值作为该次测量的仪表示值。

若采用累计流量法，则应读取至少30min的流量累计值作为该次测量的仪表示值。

校准时读取的仪表示值的分辨率应大于万分之五。

3次测量完成后分别计算标准表和流量计的3次测量平均值作为该流量点的标准流量值$(Q_s)_i$和流量计示值Q_i。

6.3 安全注意事项

现场作业须遵守属地单位有关安全管理规定，穿戴好劳保和安全防护用品，做好工作危害分析（JHA）和工作安全分析（JSA），确保作业安全。

7 校准结果计算

7.1 在线测量示值误差

流量点每次测量的在线示值误差E_{ij}按式（1）计算。

$$E_{ij} = \frac{Q_{ij} - (Q_s)_{ij}}{(Q_s)_{ij}} \times 100\% \quad\cdots\cdots\cdots\cdots\cdots\cdots\cdots（1）$$

式中：

E_{ij} ——第 i 个流量点第 j 次校准时的相对示值误差，%；

Q_{ij} ——第 i 个流量点第 j 次校准时的流量计示值（瞬时值或累计值），kg/h、

  t/h、kg、t；

$(Q_s)_{ij}$ ——第 i 个流量点第 j 次校准时的标准表示值（瞬时值或累计值），kg/h、

  t/h、kg、t。

取 3 次测量的在线示值误差平均值作为该流量点的在线示值误差 E_i。

7.2 流量计在线修正系数

完成在线校准后，当流量点的在线示值误差平均值 E_i 超过流量计的准确度等级时，如流量计用户要求，可通过计算新在线修正系数以方便用户调整示值误差。

新修正系数按式（2）计算。

$$K_i = K_o \frac{(Q_s)_i}{Q_i} \quad\cdots\cdots\cdots\cdots\cdots\cdots\cdots\cdots\cdots\cdots\cdots\cdots \text{（2）}$$

式中：

K_i ——第 i 个校准点新在线修正系数；

K_o ——流量计在用修正系数；

Q_i ——第 i 个校准点被校流量计的平均流量；

$(Q_s)_i$ ——第 i 个校准点标准表的平均流量。

当校准流量点数多于一次时，流量计各流量点平均在线修正系数 K 按式（3）计算。

$$K = \frac{1}{m}\sum_{i=1}^{m} K_i \quad\cdots\cdots\cdots\cdots\cdots\cdots\cdots\cdots\cdots\cdots\cdots\cdots \text{（3）}$$

式中：

m ——流量点数。

校准后，当在线示值误差平均值 E_i 不超过流量计准确度等级时，$K_i = K_o$。

7.3 重复性

流量计每个流量点的重复性 $(E_r)_i$ 按式（4）计算。

$$(E_\mathrm{r})_i = \sqrt{\frac{1}{(n-1)}\sum_{j=1}^{n}(E_{ij}-E_i)^2} \times 100\% \quad\cdots\cdots\cdots\cdots\cdots\cdots \quad (4)$$

式中：

n——第 i 个流量点的校准次数。

取流量计所有流量点的重复性最大值作为该台流量计的重复性 E_r。

当重复性超出准确度等级规定范围时，应在校准证书上给出相关提示。

7.4 扩展不确定度

由式（B.7）计算扩展不确定度：$U_\mathrm{r} = k \cdot u_\mathrm{cr}$，$k=2$。

取所有流量点的扩展不确定度最大值作为该被校准流量计的扩展不确定度。

8 校准结果表达

校准记录和校准证书格式分别见附录 A 和附录 B。

9 复校时间间隔

由于复校时间间隔的长短由流量计的使用状况及其测量介质性能等诸多因素决定，使用单位可根据流量计实际工况合理决定复校时间间隔。

若非客户要求，校准结果一般不给出复校时间间隔。

流量计复校周期建议 1～2 年。

附录 A 在线校准记录格式

流量计	名　称		型　号		编　号		
	制造单位		准确度等级	级	规　格		mm
	流量范围		仪表系数				
委托单位			地　址				
标准表	证书号		不确定度				
	名　称		型　号		编　号		
	换能器型号		编　号		安装方式		法
标准管段	管道外径	mm	管道壁厚	mm	管道材质		
	衬里材质	mm	衬里厚度	mm	所测介质		
环境条件	介质温度	℃	环境温度	℃	相对湿度		%
	大气压力	MPa	表压力	MPa			
校准依据			证书编号				
装置状态	使用前：		使用后：		签名：		

序　号	标准表示值/ （m³/h 或 m³）	流量计示值/ （m³/h 或 m³）	在线示值 误差/%	在线示值误 差平均值/%	修正 系数	重复 性/%	不确 定度
备注							

校准：　　　　　　　核验：　　　　　　　校准日期：　　　　年　　月　　日

附录 B　在线校准证书（内页）参考格式

1.本单位出具的数据均可溯源至国家和国际计量基准

2.本次校准依据的技术文件

3.本次校准所使用的计量器具

名称：_____　编号：_____　不确定度：_____　证书号：_____

4.校准的环境条件

温度/℃：_____　相对湿度/%：_____　大气压力/kPa：_____　介质：_____

5.校准结果

序号	标准表示值/ （m³/h）	流量计示值/ （m³/h）	在线测量示值误差/ %	重复性/ %	不确定度
1					
2					
3					

6.流量计的测量不确定度：U_r=_____（k=2）

7.附注

转换器型号：_____　编号：_____

标准管段外径：_____　壁厚：_____

附录 C 校准结果不确定度的评定方法与示例

不确定度分析一览表见表 C.1。

表 C.1 不确定度分析一览表

序号	符号	来源	输入不确定度/%	可能的分布	覆盖因子	标准不确定度 $u_r(x_i)$/%	灵敏系数 $c_r(x_i)$	对合成不确定度的贡献 $|c_r(x_i)||u_r(x_i)|$/%
1	$u_r(Q_s)$	标准表		正态	2		−1	
2	$u_r(E_r)$	测量重复性		矩形	$\sqrt{3}$		1	
3	$u_r(d)$	测量管径 d		矩形	$\sqrt{3}$		1	
4	$u_r[s(\bar{E})]$	在线示值误差的标准偏差					1	
合成标准不确定度：u_{cr}=____%，扩展不确定度：U_r=____%，k=2。								

a）数学模型：

电磁流量计校准的相对示值误差 E 按式（C.1）计算。

$$E = \frac{Q-Q_s}{Q_s}\times100\% \quad\quad\quad (C.1)$$

式中：

Q —— 电磁流量计示值（瞬时值或累计值）；

Q_s —— 标准表示值（瞬时值或累计值），其中：

$$Q_s = \frac{v_1}{K}\cdot\frac{\pi d^2}{4} \quad\quad\quad (C.2)$$

式中：

v_1 —— 声道上线平均流速；

K —— 流速分布修正系数；

d —— 管道内径。

b）标准表示值 Q_s 的相对标准不确定度按式（C.3）计算。

$$u_r(Q_s) = \frac{U_r(Q_s)}{k}, \quad c_r(Q_s) = -1 \quad\quad\quad (C.3)$$

c）测量管径 d 的相对标准不确定度 $u_r(d)$ 按式（C.4）计算。

若管径测量误差为 δ，按矩形分布考虑，则：

$$u_r(d) = \frac{\delta}{d\sqrt{3}} \times 100\%, \quad c_r(d) = 2 \quad\cdots\cdots\cdots（C.4）$$

d）重复性 E_r 的不确定度 $u_r(E_r)$：将各流量点中重复性最大值代入，$c_r(E_r)=1$。

e）平均示值误差 $\overline{E}$ 的相对标准不确定度 $u_r s(\overline{E})$ 按式（C.5）计算。

$$u_r[s(\overline{E})] = s(\overline{E}) = \sqrt{\frac{1}{n(n-1)}\sum_{j=1}^{n}(E_i - E)^2} \times 100\% \quad\cdots\cdots（C.5）$$

式中：

E_i —— 第 i 个流量点的平均示值误差；

E —— 所有流量点的平均示值误差。

灵敏系数 $c_r s(\overline{E})=1$。

f）由于温度、压力影响相对较小，忽略其不确定度的影响。

g）合成标准不确定度 u_{cr} 按式（C.6）计算。

$$u_{cr} = \sqrt{[u_r(Q_s)\cdot c_r(Q_s)]^2 + [u_r(E_r)\cdot c_r(E_r)]^2 + [u_r(d)\cdot c_r(d)]^2 + [u_r s(\overline{E})\cdot c_r s(\overline{E})]^2}$$

$$\cdots\cdots\cdots\cdots（C.6）$$

h）扩展不确定度按式（C.7）计算。

$$U_r = k \cdot u_{cr}, \quad k = 2 \quad\cdots\cdots\cdots\cdots（C.7）$$

示例：由某次在线校准的原始记录得到以下数据：

序号	符号	来源	输入不确定度/%	可能的分布	覆盖因子	标准不确定度 $u_r(x_i)$/%	灵敏系数 $c_r(x_i)$	对合成不确定度的贡献 $|c_r(x_i)||u_r(x_i)|$/%
1	$u_r(Q_s)$	标准表	0.25	正态	2	0.125	-1	0.125
2	$u_r(E_r)$	测量重复性	0.15	矩形	$\sqrt{3}$	0.087	1	0.087
3	$u_r(d)$	测量管径 d	0.05	矩形	$\sqrt{3}$	0.029	1	0.029
4	$u_r[s(\overline{E})]$	在线示值误差的标准偏差	0.025			0.025	1	0.025
合成标准不确定度：$u_{cr}=$____%，扩展不确定度：$U_r=$____%，$k=2$。								

由式（C.6）计算得出：

$$u_{cr} = \sqrt{\left[u_r(Q_s) \cdot c_r(Q_s)\right]^2 + \left[u_r(E_r) \cdot c_r(E_r)\right]^2 + \left[u_r(d) \cdot c_r(d)\right]^2 + \left[u_r s(\overline{E}) \cdot c_r s(\overline{E})\right]^2}$$

$$= (0.125^2 + 0.087^2 + 0.029^2 + 0.025^2)^{1/2}$$

$$= 0.16$$

由式（C.7）计算得出：

$U_r = k \cdot u_{cr} = 2 \times 0.16 = 0.32$，$k = 2$。

附录 D 标准表的选择和校准方法指南

D.1 标准表的选择

重复性和修正系数稳定性满足如下要求的便携式超声流量计才能正式作为在线校准流量计的标准表使用。

D.1.1 标准表的重复性验证方法

在常用的管道范围内固定选择一个管道口径进行重复性试验，每次试验在该管道上做 4 个流量点的测试；具体流速为：0.5m/s、1.0m/s、1.5m/s、2.0m/s；亦可根据现场实际需要增加流速点，各流速点重复测试 3 次。

按式（4）计算各流量点重复性，最大不得超过 0.10%。

D.1.2 修正系数稳定性验证方法

重复性满足要求的标准表初次使用的第一年至少要进行不少于 3 次的修正系数稳定性试验，相邻两次试验的修正系数变化不得大于 0.25%。在以后的使用中要关注两次校准标准表的系数变化，当超过 0.25%时，应缩短复校间隔。

D.2 标准表的校准

D.2.1 由于便携式超声流量计可以在不同口径的管道上测流量，试验证明在不同口径上便携式超声流量计的仪表系数相差很大，因此不能用一个管道口径上测得的仪表系数在不同管道口径上使用。

D.2.2 试验证明便携式超声流量计在一个口径不同流速的仪表系数线性误差基本在 0.5%以内，其同一个流速点的重复性基本在 0.10%以内，而在线校准都是在固定流速情况下使用的，因此当便携式超声流量计作为标准表使用时，应该采用定口径定流速的方法进行校准。

D.2.3 标准表的校准口径以及在几个口径上校准由用户根据实际需要决定。

D.2.4 推荐的标准表校准流速点为：0.5m/s、1.0m/s、1.5m/s、2.0m/s；用户可以根据实际需要增加或删减校准流速点。

D.2.5 标准表校准流速点与在线校准实际流速相差不得大于 0.25m/s。

D.2.6 标准表的各校准点的重复性应满足 5.3.3 的要求。

附录 E 标准管段位置的选定指南

E.1 标准管段

E.1.1 标准管段可以是一段专门定制的串联在流量计管道上的碳钢或不锈钢短节，其长度不小于被校准流量计管道公称直径的 1.5 倍。

E.1.2 标准管段也可以是在流量计管道上选定的流场条件和管道外形尺寸都能满足标准表要求的一段直管。

E.2 标准管段位置的选定

E.2.1 标准管段的位置应以上下游直管段长度尽量长的原则选定。

E.2.2 应选择水平管道或上升管道作为标准管段的安装位置。

E.2.3 标准管段位置应确保没有气泡集聚的情况。

E.2.4 标准管段位置最好是没有衬里的管段。

E.2.5 标准管段位置最好是没有电磁干扰和振动干扰的位置。

E.2.6 标准管道的焊缝应避开标准表换能器的安装位置及声束反射位置。

E.2.7 推荐的常见阻力件的最短直管道长度要求见表 E.1。

表 E.1 阻力件的最短直管道长度

序号	阻力件类型	上游直管道长度	下游直管道长度
1	水泵	$60D$	$10D$
2	阀门	$30D$	$10D$
3	变径管	$30D$	$5D$
4	弯头	$30D$	$5D$
5	三通	$50D$	$10D$

附录 F 标准表的安装指南

F.1 标准表安装位置的确定

F.1.1 标准表安装位置的确定详见附录 E。

F.1.2 当标准表安装位置无法满足附录 E 的条件时，校准结果仅供参考。

F.2 标准表换能器的安装

F.2.1 标准表换能器的安装应符合产品说明书和 JJG 1030《超声流量计检定规程》的要求。

F.2.2 换能器的安装优先推荐 V 法。该方法容易保证换能器安装距离准确。

F.2.3 用卷尺或其他更准确的方法分别在标准表两只换能器安装距离内等间隔测量 3～6 个管道外周长，分别用测量结果计算出管道外径，其平均值 D 按式(F.1)计算。

$$D = \frac{\sum_{i=1}^{n} D_i}{n} \quad\cdots\cdots\cdots\cdots\cdots\cdots\cdots\cdots\cdots（F.1）$$

式中：

n —— 测量次数，$n \geqslant 3$；

D_i —— 第 i 点测得的管周长计算出的管道外径。

F.2.4 无法测量的衬里材料及厚度等参数可根据技术资料现场确认。

F.2.5 清理换能器安装位置的管壁，将管壁上的油漆、铁锈、污垢等清除干净，露出管道金属材质，打磨光滑。清理面积约是换能器面积的 1.5 倍。在打磨好的位置上均布 5 个点，用测厚仪测量管道壁厚，并取其平均值。管道内径等于管道外径减去两倍管道壁厚和两倍衬里厚度。

F.2.6 将以上管道参数输入标准表内，得出标准表换能器安装距离 L，并确定两个换能器的位置。建议用划线的办法标明两个换能器的位置。

F.2.7 换能器表面均匀涂以耦合剂，将换能器安装于管道外壁，使其发射面与管壁紧密接触。确保两只换能器平行且两者的距离与安装距离 L 一致。

F.2.8 用紧固件将换能器固定在管道上。将换能器信号电缆连接到标准表上。按标准表说明书的要求将信号调试到最佳状态。严禁为了保证信号强度而改变安装距离 L 的做法。

标准节流式流量计在线校准方法

标准节流式流量计在线校准方法

标准节流式流量计在线校准方法

1 范围 ……………………………………………………………………… 73

2 引用文件 ………………………………………………………………… 73

3 术语 ……………………………………………………………………… 74

4 概述 ……………………………………………………………………… 75

5 技术要求 ………………………………………………………………… 76

   5.1 随机文件 …………………………………………………………… 76

   5.2 标识和铭牌 ………………………………………………………… 76

   5.3 结构与外观 ………………………………………………………… 77

6 检测条件 ………………………………………………………………… 77

   6.1 环境条件 …………………………………………………………… 77

   6.2 标准节流装置 ……………………………………………………… 77

   6.3 标准节流装置的安装 ……………………………………………… 77

   6.4 辅助设备安装要求 ………………………………………………… 79

   6.5 检测设备 …………………………………………………………… 79

7 检测项目及方法 ………………………………………………………… 80

   7.1 标准节流装置检测/校准与核验 …………………………………… 80

   7.2 标准节流装置配套二次装置检测/校准方法 ……………………… 82

   7.3 检测结果表达 ……………………………………………………… 91

   7.4 检测时间间隔 ……………………………………………………… 91

附录 A 不确定度评定 …………………………………………………… 92

附录 B　标准节流式流量计检测校准记录格式 ……………………………… 98

附录 C　检测报告内页信息及格式 …………………………………………… 105

1 范围

本方法适用于投运、使用中和修理后的标准节流式流量计在线校准。

在测量管淤积及取压管堵塞的情况下，本方法不适用。

2 引用文件

下列文件对于本方法的应用是必不可少的。凡是注日期的引用文件，仅注日期的版本适用于本方法；凡是不注日期的引用文件，其最新版本适用于本方法。

GB/T 11062—2014 天然气 发热量、密度、相对密度和沃泊指数的计算方法

GB/T 17747—2011 天然气压缩因子的计算

GB/T 18603—2014 天然气计量系统技术要求

GB/T 21446—2008 用标准孔板流量计测量天然气流量

GB/T 2624.1—2006 用安装在圆形截面管道中的差压装置测量满管流体流量 第1部分：一般原理和要求

GB/T 2624.2—2006 用安装在圆形截面管道中的差压装置测量满管流体流量 第2部分：孔板

GB/T 2624.3—2006 用安装在圆形截面管道中的差压装置测量满管流体流量 第3部分：喷嘴和文丘里喷嘴

GB/T 2624.4—2006 用安装在圆形截面管道中的差压装置测量满管流体流量 第4部分：文丘里管

GB/T 34060—2017 蒸汽热量计算方法

GB/T 34166—2017 用标准喷嘴流量计测量天然气流量

GB/T 35186—2017 天然气计量系统性能评价

GB/Z 33902—2017 使用差压装置测量流体流量 偏离 GB/T 2624 给出的要求和工作条件的影响及修正方法

JJG 229—2010 工业铂、铜热电阻检定规程

JJG 640—2016 差压式流量计检定规程

JJG 882—2019 压力变送器检定规程

JJG 1003—2016 流量积算仪检定规程

JJF 1004—2004 流量计量名词术语及定义

JJF 1059.1—2012 测量不确定度评定与表示

JJF 1071—2000 国家计量校准规范编写规则

JJF 1183—2007 温度变送器校准规范

3 术语

3.1 标准节流件

可以用几何检测法检测得到流量关系的节流件，包括标准孔板、ISA 1932 喷嘴、长径喷嘴、文丘里喷嘴、经典文丘里管。

3.2 一次标准节流装置

由标准节流件、取压装置和前后测量管组成的装置。

3.3 二次装置

由差压变送器、压力变送器、温度传感器（或温度传感器加温度变送器）及流量积算单元（如流量积算仪、流量计算机或具有流量计算累积功能的 DCS 与 PLC 等）组成的装置。可分为分体式二次装置与一体式二次装置。

3.4 分体式二次装置

由差压变送器、压力变送器、温度传感器（或温度传感器加温度变送器）及流量积算单元以相互独立的形式组成的二次装置。

3.5 一体式二次装置

由差压变送器、压力变送器、温度传感器（或温度传感器加温度变送器）及流量积算单元以紧密关联的有机整体形式组成的二次装置。

3.6 标准节流式流量计

由标准节流装置（含引压管路）及二次装置组成的节流式流量计量系统。

3.7 单项检测/校准方法

在对标准节流装置及其安装情况进行检测核查的基础上，对配套二次装置各组成单元进行分别检测/校准，采用不确定度合成的方法对标准节流式流量计的系统不确定度进行评估的方法。

3.8 成套检测/校准方法

在对标准节流装置及其安装情况进行检测核查的基础上，将配套的一体式二次装置（或分体式二次装置各组成单元按照实际工作状态连接好）作为整体使用温度标准器（恒温槽或温度校验仪）、压力标准器（压力校验仪）及差压标准器（差压校验仪）进行瞬时流量检测/校准，采用不确定度合成的方法对标准节流式流量计的系统不确定度进行评估的方法。

4 概述

标准节流式流量计现场检测由标准节流装置现场检测和配套二次装置的各组成单元校准两部分组成。

标准节流装置现场检测分两步进行。第一步：通过核验标准节流装置是否具有检定/校准证书且在检定/校准周期内或按照 JJG 640—2016《差压式流量计检定规程》的规定进行几何检定，确认标准节流装置的结构形状与几何尺寸符合 GB/T 2624—2006《用安装在圆形截面管道中的差压装置测量满管流体流量》与 JJG 640—2016《差压式流量计检定规程》的相关要求；第二步：通过检查标准节流装置的安装使用条件是否符合 GB/T 2624—2006《用安装在圆形截面管道中的差压装置测量满管流体流量》的相应要求，确认现场使用的标准节流装置是否具有检定证书给出的不确定度或 GB/T 2624—2006《用安装在圆形截面管道中的差压装置测量满管流体流量》所规定的不确定度。

配套二次装置的各组成单元分别进行检测/校准并确定其各项的不确定度，或将配套二次装置作为整体，使用温度标准器（恒温槽、标准温度计和温度校验仪）、压力标准器（压力校验仪）及差压标准器（差压校验仪），对其进行温度、压力及差压的检测/校准并确定其不确定度。

依据现场检测确定的标准节流式流量计组成单元的不确定度，采用不确定度合成的方法对标准节流式流量计的系统不确定度进行评估。

5 技术要求

5.1 随机文件

5.1.1 标准节流装置/标准节流件应有设计计算书、首检证书（或测试报告）、安装使用说明书等技术文件，周期检测/校准的流量计还应有前次检测/校准的检测报告/校准证书。

5.1.2 所配流量积算单元应有首检证书（或测试报告）、参数设置清单、使用说明书等技术文件，周期检测/校准的流量计还应有前次检测/校准的检测报告/校准证书。

5.1.3 所配压力变送器、差压变送器、温度变送器应有首检证书（或测试报告）、使用说明书等技术文件，周期校准的流量计还应有前次校准的校准证书。

5.2 标识和铭牌

5.2.1 流量计应有明显的流向标识。

5.2.2 流量计应有铭牌。表体或铭牌上一般应注明：

　　a）产品及制造厂名称；

　　b）产品规格及型号；

　　c）出厂编号；

　　d）最大工作压力；

　　e）适用工作温度范围；

　　f）公称通径；

g）标准节流件孔径；

h）准确度等级（或最大允许误差）；

i）制造年月。

5.3 结构与外观

完好无损伤。

6 检测条件

6.1 环境条件

大气环境条件一般应满足：

环境温度：5～40℃；

大气压力：86～106kPa；

相对湿度：15%～95%。

6.2 标准节流装置

标准节流装置具有检定证书（几何检定、流出系数检定/校准）且在 JJG 640—2016《差压式流量计检定规程》中 7.5 规定的检定周期内或具备现场进行几何检定的条件。

6.3 标准节流装置的安装

6.3.1 孔板安装要求

6.3.1.1 前后直管段符合 GB/T 2624.2—2006《用安装在圆形截面管道中的差压装置测量满管流体流量 第 2 部分：孔板》中 6.2 规定的最短要求。

6.3.1.2 管道圆度与圆柱度符合 GB/T 2624.2—2006《用安装在圆形截面管道中的差压装置测量满管流体流量 第 2 部分：孔板》中 6.4 规定的要求。

6.3.1.3 一次装置和夹持环的位置符合 GB/T 2624.2—2006《用安装在圆形截面管道中的差压装置测量满管流体流量 第 2 部分：孔板》中 6.5 规定的要求。

6.3.1.4 差压取压口符合 GB/T 2624.2—2006《用安装在圆形截面管道中的差压装置测量满管流体流量　第 2 部分：孔板》中 5.2 规定的要求。

6.3.1.5 管道内径、直径比、雷诺数的范围及管道粗糙度符合 GB/T 2624.2—2006《用安装在圆形截面管道中的差压装置测量满管流体流量　第 2 部分：孔板》中 5.3.1 规定的使用限制要求，可压缩流体还应符合 $P_2/P_1 \geqslant 0.75$。

6.3.2　ISA 1932 喷嘴、长颈喷嘴、文丘里喷嘴安装要求

6.3.2.1　前后直管段符合 GB/T 2624.3—2006《用安装在圆形截面管道中的差压装置测量满管流体流量　第 3 部分：喷嘴和文丘里喷嘴》中 6.2 规定的最短要求。

6.3.2.2　管道圆度与圆柱度符合 GB/T 2624.3—2006《用安装在圆形截面管道中的差压装置测量满管流体流量　第 3 部分：喷嘴和文丘里喷嘴》中 6.4 规定的要求。

6.3.2.3　一次装置和夹持环的位置符合 GB/T 2624.3—2006《用安装在圆形截面管道中的差压装置测量满管流体流量　第 3 部分：喷嘴和文丘里喷嘴》中 6.5 规定的要求。

6.3.2.4　差压取压口符合下列要求：

ISA 1932 喷嘴符合 GB/T 2624.3—2006《用安装在圆形截面管道中的差压装置测量满管流体流量　第 3 部分：喷嘴和文丘里喷嘴》中 5.1.5 规定的要求；

长颈喷嘴符合 GB/T 2624.3—2006《用安装在圆形截面管道中的差压装置测量满管流体流量　第 3 部分：喷嘴和文丘里喷嘴》中 5.2.5 规定的要求；

文丘里喷嘴符合 GB/T 2624.3—2006《用安装在圆形截面管道中的差压装置测量满管流体流量　第 3 部分：喷嘴和文丘里喷嘴》中 5.3.3 规定的要求。

6.3.2.5　管道内径、直径比、雷诺数的范围及管道粗糙度符合下列要求：

ISA 1932 喷嘴符合 GB/T 2624.3—2006《用安装在圆形截面管道中的差压装置测量满管流体流量　第 3 部分：喷嘴和文丘里喷嘴》中 5.1.6.1 的规定，可压缩流体还应符合 $P_2/P_1 \geqslant 0.75$；

长颈喷嘴符合 GB/T 2624.3—2006《用安装在圆形截面管道中的差压装置测量满管流体流量　第 3 部分：喷嘴和文丘里喷嘴》中 5.2.6.1 的规定，可压缩流

体还应符合 $P_2/P_1 \geqslant 0.75$；

文丘里喷嘴符合 GB/T 2624.3—2006《用安装在圆形截面管道中的差压装置测量满管流体流量 第 3 部分：喷嘴和文丘里喷嘴》中 5.3.4.1 的规定，可压缩流体还应符合 $P_2/P_1 \geqslant 0.75$。

6.3.3 文丘里管安装要求

6.3.3.1 前后直管段符合 GB/T 2624.4—2006《用安装在圆形截面管道中的差压装置测量满管流体流量 第 4 部分：文丘里管》中 6.2 规定的最短要求。

6.3.3.2 管道圆度与圆柱度符合 GB/T 2624.4—2006《用安装在圆形截面管道中的差压装置测量满管流体流量 第 4 部分：文丘里管》中 6.4.1 规定的要求。

6.3.3.3 上游管道粗糙度符合 GB/T 2624.4—2006《用安装在圆形截面管道中的差压装置测量满管流体流量 第 4 部分：文丘里管》中 6.4.2 规定的要求。

6.3.3.4 安装的同心度符合 GB/T 2624.4—2006《用安装在圆形截面管道中的差压装置测量满管流体流量 第 4 部分：文丘里管》中 6.4.3 规定的要求。

6.3.3.5 管道内径、直径比、雷诺数的范围符合 GB/T 2624.4—2006《用安装在圆形截面管道中的差压装置测量满管流体流量 第 4 部分：文丘里管》中 5.5 规定的使用限制要求，可压缩流体还应符合 $P_2/P_1 \geqslant 0.75$。

6.4 辅助设备安装要求

导压管的敷设有利于差压信号准确传导且取压阀、平衡阀处于正确的开/关状态。

6.5 检测设备

6.5.1 压力标准器（压力校验仪）

压力发生范围：能覆盖被校准压力变送器量程或实际压力测量范围；控制稳定性：<0.005%FS；目标压力稳定持续时间：>5min。

6.5.2 温度标准器（恒温槽、标准温度计或温度校验仪）

温度发生范围：能覆盖被校准温度送器/温度传感器实际温度测量范围；最大允许误差：±0.5℃；显示分辨力：0.01℃；温场波动：±0.03℃/15min；水平温场：±0.05℃；垂直温场：≤0.5℃。

6.5.3 差压标准器（差压校验仪）

差压发生范围：能覆盖被校准差压送器量程或实际差压测量范围；控制稳定性：<0.005%FS；目标压力稳定持续时间：>5min；控制响应时间：<30s。

6.5.4 标准电阻箱

量程：0～400.000Ω；分辨力：10mΩ；最大允许误差：0.02%RD+0.02Ω。

6.5.5 直流信号源

可输出三路 DC 0～20mA 连续可调信号；量程：0～22.0000mA；分辨力：1μA；最大允许误差：0.02%RD+1μA；稳定度：0.05%/2h。

6.5.6 热工仪表校验仪

变送器输出信号的测量标准，准确度等级：0.02 级，0～30mA，0～5V，0～50V。标准仪器的绝对误差小于被校仪表绝对误差的 1/3～1/2。

7 检测项目及方法

7.1 标准节流装置检测/校准与核验

7.1.1 标准节流件的现场检测/校准

a）若标准节流件有有效溯源证书，且是几何检测法溯源证书，则可依据 JJG 640—2016《差压式流量计检定规程》5.1 评估标准节流件引入的标准不确定度分量，依据附录 B 计算标准节流件流出系数；

b）若标准节流件有有效溯源证书，且是系数检测法溯源证书，则可依据溯源证书的结果评估标准节流件引入的标准不确定度分量及计算流出系数；

c）若标准节流件无有效溯源证书，且几何检测法可以满足其不确定度要求，则可参照 JJG 640—2016《差压式流量计检定规程》7.1 对其进行现场检测。

d）若标准节流件无有效的溯源证书，且几何检测法不能满足其不确定度要求，则可参照 JJG 640—2016《差压式流量计检定规程》7.2 对其进行系数校准，校准结果应给出标准节流件流出系数回归计算公式及标准不确定度。

7.1.2 相关技术文件核验

a）核验检定/校准证书（或有资质的第三方测试报告）的标准节流装置各项参数与待校准流量计标准节流装置是否一致且在规定的有效期内。

b）核验检定/校准证书（或有资质的第三方测试报告）给出的测试数据（如开孔径或流出系数等）是否符合设计计算书、GB/T 2624《用安装在圆形截面管道中的差压装置测量满管流体流量》及 JJG 640《差压式流量计检定规程》相关规定。

c）核验设计计算书给出的流量范围是否能涵盖实际流量测量范围。

d）核验设计的差压量程是否能涵盖实际或设计流量范围相对应的差压测量范围（依据设计书给出的标准节流装置设计参数与用户提供的实际温度、压力，核算实际或设计流量范围相对应的差压测量范围。当实际或设计流量范围相对应的差压测量范围大于差压设计量程或低于差压设计量程的 1/2 时，应按实际或设计流量范围相对应的差压测量范围调整差压量程）。

e）核验参数设置清单中的温度/压力量程是否与温度/压力变送器设置一致且能涵盖实际测量范围。

f）核验设计计算书及参数设置清单中其他参数与实际工作条件是否一致（被校准节流式流量计参数设置清单一般包括：标准节流件型式、被测介质类型、流量计算方法/标准、物性值计算方法/标准、管道材质、管道内径、节流件材质、节流件开孔径、温度量程上下限、压力量程上下限、差压量程上下限、瞬时流量单位、累积流量单位及设计温度、设计压力、设计最大流量等内容）。

7.1.3 标准节流装置安装使用条件核验

现场核验标准节流装置安装方式（水平或垂直）、前后直管段长度、与工艺管道的同心度、差压管路的引出与敷设方式、法兰与夹持环的位置等，核验其是否符合 GB/T 2624—2006《用安装在圆形截面管道中的差压装置测量满管流体流量》与 JJG 640—2016《差压式流量计检定规程》的规定要求。

7.2　标准节流装置配套二次装置检测/校准方法

7.2.1　单项检测/校准方法（适用分体式二次装置）

7.2.1.1　温度变送器检测/校准方法

a）外观及内部检查

目力观测和通电检查。

变送器的铭牌应完整、清晰，并具有以下信息：产品名称、型号规格、测量范围、准确度等级、额定工作电压等主要技术指标，制造厂的名称或商标、出厂编号、制造年月，防爆产品还应有相应的防爆标志；

变送器的零部件应完好无损，紧固件不得有松动和损伤现象，可动部分应灵活可靠。有显示单元的仪表，数字显示应清晰，不得有缺笔画现象；

变送器的感温元件无破裂、无明显的弯曲现象，变送器接头螺纹无滑扣、错扣，紧固螺母无滑丝现象；

内部检查包括电路板、接线端子、表内接线、引出线等。内部应清洁，电路板及端子固定螺丝齐全牢固，表内接线正确，编号齐全清楚，引出线无破损、划痕。

b）设备配置与连接

根据变送器的测温范围选择合适的标准仪器及配套设备。按要求连接标准温度计、温度校验仪线路、变送器的线路，连接温度校验仪和热工仪表校验仪电源。注意将标准温度计和变送器插入温度校验仪中，二者尽可能靠近。变送器校准时与标准器及配套设备的连接如图 1 所示。

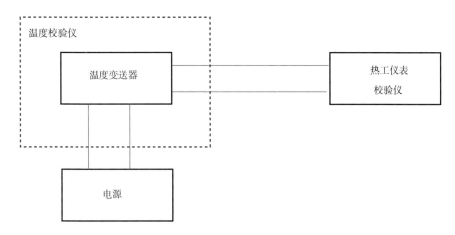

图 1 变送器校准时的设备连接图

预热时间按制造厂说明书中的规定执行，一般为 15min；具有参考端温度自动补偿的变送器为 30min。

c）校准前的调整

调整须在委托方同意的情况下进行。不带传感器的变送器可以用改变输入信号的办法对相应的输出下限值和上限值进行调整，使其与理论的下限值和上限值相一致。

对于输入量程可调的变送器，在校准前根据委托者的要求将输入规格及量程调到规定值再进行上述调整。

带传感器的变送器可以在断开传感器的情况下对信号转换器单独进行上述调整。如果测量结果仍不能满足委托者的要求，还可以在便携温度校验仪中重新调整。

在测量过程中不允许调整零点和量程。

d）校准

校准点根据变送器测量的温度范围选择，按温度范围均匀分布，一般包括上限值、下限值和量程 50%附近在内不少于 5 个点，也可以根据变送器现场实际测量温度来选择校准点。

带传感器的变送器在校准时，将变送器的感温端和标准温度计一同插入温度校验仪中，在每个校准点上轮流对标准铂电阻温度计的示值和变送器的输出进行反复 6 次读数，分别计算算术平均值，得到标准铂电阻温度计和被校变送器的示值。按误差公式计算变送器的测量误差，见式（1）。

$$\Delta A_t = \overline{A}_d - \left[\frac{A_m}{t_m} \left(\overline{t} - t_0 \right) + A_0 \right] \cdots\cdots\cdots\cdots\cdots \quad (1)$$

式中：

ΔA_t —— 变送器各被校点的测量误差（以输出的量表示），mA；

$\overline{A}_d$ —— 变送器被校点实际输出的平均值，mA；

A_m —— 变送器的输出电流量程，mA；

t_m —— 变送器的输入量程，℃；

A_0 —— 变送器的输出的理论下限电流值，mA；

$\overline{t}$ —— 标准温度计测得的平均温度值，℃；

t_0 —— 变送器输入范围下限温度值，℃。

不带传感器的变送器在校准时，从下限开始平稳地输入各被校点对应的信号值，读取并记录输出值直至上限；然后反方向平稳改变输入信号依次到各个被校点，读取并记录输出值直至下限。如此为一个循环，须进行三个循环的测量。在接近被校点时，输入信号应足够慢，以避免过冲。按误差公式计算变送器的测量误差，见式（2）。

$$\Delta A_t = \overline{A}_d - \left[\frac{A_m}{t_m} \left(t_s + \frac{e}{S_i} - t_0 \right) + A_0 \right] \cdots\cdots\cdots\cdots\cdots \quad (2)$$

式中：

$\overline{A}_d$ —— 变送器被校点实际输出值，取多次测量的平均值，mA 或 V；

A_m —— 变送器的输出量程，mA 或 V；

t_m —— 变送器的输入量程，℃；

A_0 —— 变送器输出的理论下限值，mA 或 V；

t_s —— 变送器的输入温度值，即模拟热电阻（或热电偶）对应的温度值，℃；

t_0 —— 变送器输入范围的下限值，℃；

e —— 补偿导线修正值，mV；

S_i —— 热电偶特性曲线各温度测量点和斜率，对于某一温度测量点可视为
常数，mV/℃。

e）测量结果的处理

测量误差可以用输出的单位表示，也可以用温度单位表示，或者以输入（或输出）的百分数表示。

由于变送器的输出通常都是温度的线性函数，它们可以按式（3）进行折算。

$$\Delta A_t = \frac{A_m}{t_m} \cdot \Delta t \quad\cdots\cdots\cdots\cdots\cdots\cdots\cdots\cdots\cdots\cdots\cdots\cdots \text{（3）}$$

式中：

Δt——以输入的温度所表示的误差，℃。

f）绝缘电阻的测量

断开变送器电源，用绝缘电阻表按表 1 规定的部位进行测量，测量时应稳定 5s 后读数。

表 1　绝缘电阻的技术要求

试验部位	技术要求	说明
输入、输出端子短接—外壳	20MΩ	适用于二线制变送器
电源端子—外壳	50MΩ	适用于四线制变送器
输入、输出端子短接—电源端子	50MΩ	
输入端子—输出端子	20MΩ	只适用于输入、输出隔离的变送器

g）数据处理原则

测量结果和误差计算过程中数据处理原则：小数点后保留的位数应以修约误差小于变送器最大允许误差的 1/20～1/10 为限（相当于比最大允许误差多取一位小数）。

在不确定度的计算过程中，为了避免修约误差，可以保留 2～3 位有效位数字，但最终的扩展不确定度只能保留 1～2 位有效数字。测量结果是由多次测量的算术平均值给出，其末位应与扩展不确定度的有效位数对齐。

h）校准结果表达

校准报告至少应包括下列信息：

1）标题，如"校准证书"或"校准报告"；

2）实验室名称和地址；

3）进行校准的地点；

4）证书或报告的唯一性标识（如编号），每页及总页数的标识；

5）被校单位的名称和地址；

6）被校对象的描述和明确标识；

7）进行校准的日期；

8）对校准所依据的技术规范的标识，包括名称及代号；

9）本次校准所用测量标准的溯源性及有效性说明；

10）校准环境的描述；

11）校准结果及其测量不确定度的说明；

12）校准证书或校准报告有校准员、核验员等的签名，以及校准日期；

13）校准结果仅对被校对象有效的声明；

14）未经实验室书面批准，不得部分复制证书或报告的声明。

7.2.1.2 差压（压力）变送器检测/校准方法

在线检测差压（压力）变送器时，现场安装的差压（压力）变送器应有差压标准器（压力标准器）连接接口（如三通阀、阀门+三通、三阀组、五阀组等），应能切断与系统压力的连接。差压（压力）变送器测量及连接部分在承受测量压力时，不得有泄漏现象。

a）在线检测时，设备的连接、安装与现场恢复：

1）切换三通或三阀组、五阀组阀门，切断差压（压力）变送器与系统的连接，并放空差压（压力）变送器内压力；

2）连接被校差压（压力）变送器、差压标准器（压力标准器）及校准标准装置；

3）连接完毕后，使导压管中充满传压介质，预压，检查仪表及控制阀门的密封性；如有泄漏，重新连接。

4）校准结束后，应拆卸校准设备，将校准流程切换到生产流程，恢复数据采集。

二线制电动压力变送器输出部分的连接如图 2 所示。

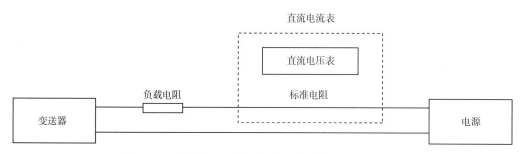

图 2　二线制电动压力变送器输出部分的连接图

b）外观检查

1）差压（压力）变送器的铭牌应完整、清晰，并具有以下信息：产品名称、型号规格、测量范围、准确度等级等主要技术指标，制造厂的名称或商标、出厂编号、制造年月，防爆产品还应有相应的防爆标志；

2）差压计量器具的高、低压容室应有明显标记。

c）校准前的调整

校准差压（压力）变送器前，用改变输入压力的办法对输出下限值和上限值进行调整，使其与理论的下限值和上限值相一致。一般可以通过调整"零点"和"满量程"来完成。

d）校准点

差压（压力）变送器校准点的选择应按量程基本均布，一般应包括上限值、下限值、常用值在内的 5 个校准点进行校准。优于 0.1 级和 0.05 级的仪表应不小于 9 个点。差压（压力）变送器至少进行两个循环的校准。需要进行不确定度评定时，至少进行 3 个循环的校准。

e）示值校准方法

从下限开始平稳地输入压力到各校准点，读取并记录示值直至上限；然后反方向平稳改变压力到各个校准点，读取并记录示值直至下限，为一次循环。

在校准的过程中不允许调整零点和量程，在接近校准点时，输入压力应足够慢，避免过冲现象。

f）示值误差的计算

差压（压力）变送器的示值误差按式（4）计算。

$$\Delta A = A_d - A_s \cdots\cdots\cdots\cdots\cdots\cdots\cdots（4）$$

式中：

ΔA——仪表各校准点的示值误差，mA 或 kPa、MPa；

A_d——仪表上行程或下行程各校准点的实际示值，mA 或 kPa、MPa；

A_s——仪表各校准点的理论值，mA 或 kPa、MPa。

差压（压力）变送器误差计算过程中数据处理原则；小数点后保留的位数应以舍入误差小于压力变送器最大允许误差的 1/20～1/10 为限。判断压力变送器是否符合技术要求应以舍入以后的数据为准。

g）回程误差的计算

回程误差的校准与示值误差的校准同时进行。

差压（压力）变送器的回程误差按式（5）计算。

$$\Delta A = |A_{d1} - A_{d2}| \cdots\cdots\cdots\cdots\cdots\cdots (5)$$

式中：

ΔA —— 仪表的回差，mA 或 kPa、MPa；

A_{d1}，A_{d2} —— 仪表上行程或下行程各校准点的实际示值，mA 或 kPa、MPa。

7.2.1.3 流量积算单元检测/校准方法

在确认被检测/校准流量积算单元中的设置参数与参数设置清单对应参数一致后，按照 JJG 1003—2016《流量积算仪检定规程》中 7.3.2 的规定进行。

检测/校准前按图 3 连接好线，通常被检仪表通电预热 10min。如产品说明书对预热时间另有规定的，则按说明书规定的时间预热。

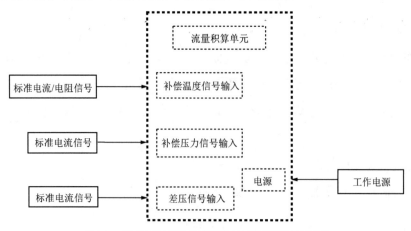

图 3 流量积算单元检测/校准接线示意图

7.2.1.3.1　瞬时流量检测/校准

a）检测/校准点取下限流量所对应的差压值和上限流量 25%、50%、75%、100%所对应的差压值附近，以上检测/校准点是在设计状态下；对于具有压力、温度补偿功能的，另外应在压力不变，温度在设计范围内任取两点，温度不变，压力在设计范围内任取两点，流量为最大情况下分别进行检测/校准。

b）按选取检测/校准点，流量积算单元做一次测量。

c）按式（6）计算每个检测/校准点的相对误差。

$$E_i = \frac{q_i - q_{si}}{q_{si}} \times 100\% \quad\cdots\cdots\cdots\cdots\cdots\cdots\cdots\cdots\cdots\cdots（6）$$

式中：

E_i —— 第 i 个检测/校准点的相对误差，%；

q_i —— 第 i 个检测/校准点积算单元的示值；

q_{si} —— 第 i 个检测/校准点的瞬时流量的理论计算值。

注：q_{si} 应根据标准节流件的型式及被测介质在检测/校准点的操作条件，依据国家有关标准和计量检定规程进行计算（或使用通过法定计量检定单位认证的计算软件进行计算）。介质物性值计算应符合 JJG 1003—2016《流量积算仪检定规程》中附录 A.2 的规定。

7.2.1.3.2　补偿参量检测/校准

试验点取零点、$0.25A_{max}$、$0.5A_{max}$、$0.75A_{max}$、A_{max}。

注：①A_{max} 为模拟输入信号的上限值。②对于温度信号采用热电阻和热电偶的，A_{max} 取设计任务书温度上限。

按选取检测/校准点，流量积算单元做一次测量。

按式（7）计算每个检测/校准点误差。

$$EA_i = \frac{A_i - A_{si}}{A_{max}} \times 100\% \quad\cdots\cdots\cdots\cdots\cdots\cdots\cdots\cdots\cdots（7）$$

式中：

EA_i —— 第 i 个检测/校准点的误差，%；

A_i —— 第 i 个检测/校准点流量积算单元的示值；

A_{si} —— 第 i 个检测/校准点输入信号对应的理论计算值；

$A_{\max}$ —— 输入信号上限对应的理论计算值。

7.2.2 成套检测/校准方法

在确认被检测/校准的标准节流式流量计的变送器及流量积算单元中的设置与参数设置清单对应参数一致后，参照 JJG 1003—2016《流量积算仪检定规程》中 7.3.2.1 的相关规定进行。

二次装置保持实际工作连接状态，将温度传感器放入温度标准器（恒温槽等）中，压力变送器与压力标准器（压力校验仪）连接，差压变送器与差压标准器（差压校验仪）连接，通电预热 10min。

7.2.2.1 瞬时流量检测/校准

a）检测/校准点取下限流量所对应的差压值和上限流量 25%、50%、75%、100%所对应的差压值附近，以上检测/校准点是在设计状态下；对于具有压力、温度补偿功能的，另外应在压力不变，温度在设计范围内任取两点，温度不变，压力在设计范围内任取两点，流量为最大情况下分别进行检测/校准。

b）按选取检测/校准点，做一次测量。

c）按式（8）计算每个流量点的误差。

$$E_i = \frac{q_i - q_{si}}{q_{si}} \times 100\% \quad \cdots\cdots\cdots\cdots\cdots\cdots\cdots\cdots\cdots\cdots\cdots\cdots\cdots\cdots（8）$$

式中：

E_i —— 第 i 个检测/校准点的相对误差，%；

q_i —— 第 i 个检测/校准点二次装置的示值；

q_{si} —— 第 i 个检测/校准点的瞬时流量的理论计算值。

注：q_{si} 应根据标准节流件的型式及被测介质在检测/校准点的操作条件，依据国家有关标准和计量检定规程进行计算（或使用通过法定计量单位认证的计算软件进行计算）。介质物性值计算应符合 JJG 1003—2016《流量积算仪检定规程》中附录 A.2 的规定。

7.2.2.2 温度、压力、差压测量通道检测/校准

试验点取零点、$0.25A_{\max}$、$0.5A_{\max}$、$0.75A_{\max}$、$A_{\max}$。

注：$A_{\max}$ 分别为温度、压力、差压变送器上限值。

按选取检测/校准点，做一次测量。

按式（9）计算每个检测/校准点误差。

$$EA_i = \frac{A_i - A_{si}}{A_{\max}} \times 100\% \cdots\cdots\cdots\cdots\cdots\cdots (9)$$

式中：

EA_i —— 第 i 个检测/校准点的误差，%；

A_i —— 第 i 个检测/校准点二次装置的示值；

A_{si} —— 第 i 个检测/校准点输入的标准信号（温度、压力、差压）值；

$A_{\max}$ —— 输入的标准信号（温度、压力、差压）上限值。

7.3 检测结果表达

检测完成后按照本方法给出检测结果，开具相应的检测报告。

不确定度评定方法见附录 A。

7.4 检测时间间隔

标准节流件的检测时间间隔通常不应超过 2 年。对 ISA 1932 喷嘴、长径喷嘴、文丘里喷嘴、经典文丘里管，根据使用情况可以延长，但一般不超过 4 年。复检时，应提供最近一次的检测报告及检测记录。

附录 A   不确定度评定

A.1   标准节流式流量计瞬时工况体积与质量流量不确定度计算

标准节流式流量计瞬时工况体积与质量流量的相对扩展不确定度 $U_{\mathrm{rel}}(q_{\mathrm{m}})$ 与 $U_{\mathrm{rel}}(q_{\mathrm{v}})$ 按式（A.1）计算。

$$U_{\mathrm{rel}}(q_{\mathrm{m}}) = U_{\mathrm{rel}}(q_{\mathrm{v}}) = 2\sqrt{\begin{array}{l} u_{\mathrm{rel}}^2(C) + u_{\mathrm{rel}}^2(\varepsilon) + \left(\dfrac{2\beta^4}{1-\beta^4}\right)^2 u_{\mathrm{rel}}^2(D) + \left(\dfrac{2}{1-\beta^4}\right)^2 u_{\mathrm{rel}}^2(d) \\ + \dfrac{1}{4}u_{\mathrm{rel}}^2(\rho_1) + \dfrac{1}{4}u_{\mathrm{rel}}^2(\Delta P) \end{array}} \quad \cdots\cdots \text{（A.1）}$$

式中：

$u_{\mathrm{rel}}(C)$ ——流出系数相对标准不确定度，对于经系数检定的按证书取值，对于几何检定的因节流件型式、β 及 R_{eD} 不同而略有差异，取值方法如下：

当上游和下游直管段长度等于或大于 GB/T 2624.2—2006、GB/T 2624.3—2006 表 3 或 GB/T 2624.4—2006 表 1 中 A 栏规定的"零附加不确定度"的值时，流出系数的标准不确定度按下面给出的值取值；

标准孔板：当 $0.1 \leqslant \beta < 0.2$ 时，为 $0.5(0.7-\beta)\%$，当 $0.2 \leqslant \beta \leqslant 0.6$ 时，为 0.25%，当 $0.6 < \beta \leqslant 0.75$ 时，为 $0.5(1.667\beta-0.5)\%$；

当 $D < 71.12$ 时，应附加 $0.45(0.75-\beta)(2.8-D/25.4)\%$ 的不确定度（D 的单位为 mm）；

当 $\beta > 0.5$ 且 $R_{\mathrm{eD}} < 10000$ 时，应附加 0.25% 的不确定度；

标准喷嘴：当 $0.3 \leqslant \beta < 0.6$ 时，为 0.4%，当 $0.6 \leqslant \beta \leqslant 0.8$ 时，为 $0.5(2\beta-0.4\%)$；

长径喷嘴：当 $0.2 \leqslant \beta \leqslant 0.8$ 时，为 1%；

"铸造"收缩段经典文丘里管：0.35%；

机械加工收缩段经典文丘里管：0.5%；

粗焊铁板收缩段经典文丘里管：0.75%；

文丘里喷嘴：$0.5(1.2+1.5\beta^4)\%$。

当上游或下游直管段长度小于 GB/T 2624.2—2006、GB/T 2624.3—2006 表 3 或 GB/T 2624.4—2006 表 1 中 A 栏规定的"零附加不确定度"的值，而大于或等于 B 栏中规定的"0.5%附加不确定度"的值时，流出系数的标准不确定度应在上面给出值上算数相加 0.25%；

$u_{rel}(\varepsilon)$——可膨胀性系数相对标准不确定度（仅气体有），因节流件型式不同而略有差异，取值方法如下：

标准孔板为 1.75（$\Delta p/P_1$）%；

标准喷嘴、长径喷嘴为（$\Delta p/P_1$）%；

"铸造"收缩段经典文丘里管、机械加工收缩段经典文丘里管、粗焊铁板收缩段经典文丘里管、文丘里喷嘴为 0.5（$4+100\beta^8$）（$\Delta p/P_1$）%；

注：Δp、P_1 单位应相同。

$u_{rel}(D)$——测量管内径的相对标准不确定度，对于孔板、喷嘴其值为 0.2%，对于文丘里管为 0.28%；

$u_{rel}(d)$——开孔直径的相对标准不确定度，对于孔板、喷嘴其值为 0.035%，对于文丘里管为 0.07%；

$u_{rel}(\Delta P)$——差压测量相对标准不确定度，按 A.1.1 确定；

$u_{rel}(\rho_1)$——操作条件下被测介质密度测定相对标准不确定度，按 A.1.2 确定。

A.1.1 差压测量不确定度计算

差压测量的相对标准不确定度 $u_{rel}(\Delta P)$，按式（A.2）计算。

$$u_{rel}(\Delta P) = \frac{u_c(\Delta P)}{\Delta P} \times 100\% \cdots\cdots\cdots\cdots\cdots\cdots\cdots （A.2）$$

式中：

$u_c(\Delta P)$ —— 二次装置差压测量的合成标准不确定度，Pa，按式（A.3）或式（A.4）计算；

ΔP —— 测量的差压值，Pa。

当对二次装置采用单项检测/校准方法时，按式（A.3）计算二次装置差压测量的合成标准不确定度。

$$u_{\mathrm{C}}(\Delta P) = \frac{1}{\sqrt{3}} \sqrt{U^2(\Delta P_{\mathrm{a}}) + U^2(\Delta P_{\mathrm{c}})}$$

$$= \frac{1}{\sqrt{3}} \sqrt{(\xi_{\Delta P_{\mathrm{a}}} \cdot \Delta P_{\mathrm{k}})^2 + (\xi_{\Delta P_{\mathrm{c}}} \cdot \Delta P_{\mathrm{k}})^2} \quad\cdots\cdots\cdots\cdots\cdots\cdots \text{（A.3）}$$

式中：

$U(\Delta P_{\mathrm{a}})$ —— 差压变送器差压测量的扩展不确定度，Pa；

$U(\Delta P_{\mathrm{c}})$ —— 流量积算单元差压通道转换的扩展不确定度，Pa；

ΔP_{k} —— 差压测量量程，Pa；

$\xi_{\Delta P_{\mathrm{a}}}$ —— 变送器差压测量的准确度等级；

$\xi_{\Delta P_{\mathrm{c}}}$ —— 流量积算单元差压通道转换的准确度等级。

当对二次装置采用成套检测/校准方法时，按式（A.4）计算差压测量的合成标准不确定度。

$$u_{\mathrm{C}}(\Delta p) = \frac{1}{\sqrt{3}} (\xi_{\Delta p} \cdot \Delta p_{\mathrm{k}}) \quad\cdots\cdots\cdots\cdots\cdots\cdots\cdots\cdots \text{（A.4）}$$

式中：

$\xi_{\Delta p}$ —— 二次装置差压测量的准确度等级。

A.1.2　操作条件下密度测定不确定度计算

操作条件下的密度可以用密度计安装于计量点上在线实测，也可以根据相应平面处的静压、温度等特性资料进行计算。当用密度计安装于计量点上在线实测时，密度测量的相对标准不确定度取决于密度计的精度等级；当根据相应平面处的静压、温度等特性资料进行计算时，密度测量的相对标准不确定度按下面规定的方法计算。

对于气体，相对标准不确定度按式（A.5）计算。

$$u_{\mathrm{rel}}(\rho_1) = \sqrt{u_{\mathrm{rel}}^2(M) + u_{\mathrm{rel}}^2(Z_1) + u_{\mathrm{rel}}^2(P_1) + u_{\mathrm{rel}}^2(T_1)} \quad\cdots\cdots\cdots \text{（A.5）}$$

式中：

$u_{\mathrm{rel}}(M)$ —— 被测介质摩尔质量测定相对标准不确定度，可取值 0.15%；

$u_{\mathrm{rel}}(Z_1)$ —— 被测介质压缩因子测定相对标准不确定度，对于天然气可取值

0.05%，对于其他气体可取值 0.1%；

$u_{rel}(T_1)$ —— 被测介质操作条件下热力学温度测量相对标准不确定度，按 A.1.3 确定；

$u_{rel}(P_1)$ —— 被测介质操作条件下上游侧取压孔绝对压力测量相对标准不确定度，按 A.1.4 确定。

对于蒸汽，相对标准不确定度按式（A.6）计算。

$$u_{rel}(\rho_1) = \sqrt{u_{rel}^2(F) + u_{rel}^2(P_1) + u_{rel}^2(T_1)} \quad \cdots\cdots\cdots\cdots\cdots\cdots \text{（A.6）}$$

式中：

$u_{rel}(F)$ —— 蒸汽密度计算方法的标准相对不确定度，取值 0.05%。

A.1.3 操作条件下温度测量不确定度计算

温度测量的相对标准不确定度 $u_{rel}(T_1)$，按式（A.7）计算。

$$u_{rel}(T_1) = \frac{u_c(t_1)}{T_1} \times 100\% \quad \cdots\cdots\cdots\cdots\cdots\cdots\cdots \text{（A.7）}$$

式中：

$u_c(t_1)$ —— 二次装置温度测量合成标准不确定度，℃，按式（A.8）或（A.9）计算；

T_1 —— 测量的热力学温度值，K。

$$u_C(t_1) = \frac{1}{\sqrt{3}} \sqrt{U^2(t_a) + U^2(t_b) + U^2(t_c)}$$
$$= \frac{1}{\sqrt{3}} \sqrt{(\xi_{ta} \cdot \Delta t)^2 + (E(t_b) + \lambda t_1)^2 + (\xi_{tc} \cdot \Delta t)^2} \quad \cdots\cdots\cdots\cdots \text{（A.8）}$$

式中：

$U(t_a)$ —— 温度变送器测量扩展不确定度，℃；

$U(t_b)$ —— 电阻准确度等级对应的扩展不确定度，℃；

$U(t_c)$ —— 流量积算单元温度转换通道准确度等级对应的扩展不确定度，℃；

ξ_{ta} —— 温度变送器检定证书或说明书中的准确度等级或误差；

Δt —— 温度测量量程，℃；

$E(t_b)$ —— 电阻准确度等级对应的扩展不确定度，列于表 A.1，℃；

t_1 —— 测量温度，℃；

λ —— 铂电阻允差等级对应的允差系数，列于表 A.1；

ξ_{tc} —— 流量积算单元温度通道转换的准确度等级。

表 A.1 铂电阻基本允差和允差系数

允差等级	$E(t_b)/℃$	λ	允差等级	$E(t_b)/℃$	λ
AA	0.100	0.0017	B	0.300	0.0050
A	0.150	0.0020	C	0.600	0.0100

当对二次装置采用成套检测/校准方法时，按式（A.9）计算温度测量的合成标准不确定度。

$$u_C(t_1) = \frac{1}{\sqrt{3}}(\xi_t \cdot \Delta t) \quad\cdots\cdots\cdots\cdots\cdots\cdots\cdots\cdots\cdots \text{（A.9）}$$

式中：

ξ_t —— 二次装置温度测量的准确度等级。

A.1.4 压力测量不确定度计算

压力测量的相对标准不确定度 $u_{rel}(P_1)$，按式（A.10）计算。

$$u_{rel}(P_1) = \frac{u_C(P_1)}{P_1} \times 100\% \quad\cdots\cdots\cdots\cdots\cdots\cdots\cdots \text{（A.10）}$$

式中：

$u_C(P_1)$ —— 二次装置压力测量的合成标准不确定度，Pa，按式（A.11）或（A.12）计算；

P_1 —— 测量的压力值，Pa。

当对二次装置采用单项检测/校准方法时，按式（A.11）计算压力测量的合成标准不确定度。

$$\begin{aligned} u_C(P_1) &= \frac{1}{\sqrt{3}}\sqrt{U^2(P_{1a}) + U^2(P_{1c})} \\ &= \frac{1}{\sqrt{3}}\sqrt{(\xi_{Pa} \cdot P_k)^2 + (\xi_{Pc} \cdot P_k)^2} \end{aligned} \quad\cdots\cdots\cdots\cdots \text{（A.11）}$$

式中：

$U(P_{1a})$ —— 压力变送器压力测量的扩展不确定度，Pa；

$U(P_{1c})$ —— 流量积算单元压力通道转换的扩展不确定度，Pa；

P_k —— 压力测量量程，Pa；

ξ_{Pa} —— 变送器压力测量的准确度等级；

ξ_{Pc} —— 流量积算单元压力通道转换的准确度等级。

当对二次装置采用成套检测/校准方法时，按式（A.12）计算压力测量的合成标准不确定度。

$$u_C(P_1) = \frac{1}{\sqrt{3}}(\xi_P \cdot P_k) \quad\cdots\cdots\cdots\cdots\cdots\cdots\cdots\cdots \quad （A.12）$$

式中：

ξ_P —— 二次装置压力测量的准确度等级。

A.2 标准节流式流量计瞬时标准参比条件体积流量不确定度的计算

标准参比条件下的体积流量相对扩展不确定度 $U_{rel}(q_{vn})$，按式（A.13）计算。

$$U_{rel}(q_{vn}) = \sqrt{U_{rel}^2(q_m) + 4u_{rel}^2(\rho_n)} \quad\cdots\cdots\cdots\cdots\cdots\cdots \quad （A.13）$$

式中：

$u_{rel}(\rho_n)$ —— 标准参比条件下气体的密度测定相对标准不确定度，取值 0.15%。

附录 B 标准节流式流量计检测校准记录格式

B.1 标准节流式流量计系统配置清单

安装位置	温度变送器型号 /编号/精度等级	高量程差压变送器型号 /编号/精度等级	二次表型号 /编号/精度等级
节流装置编号	压力变送器型号 /编号/精度等级	低量程差压变送器型号 /编号/精度等级	备注信息

B.2 标准节流式流量计参数设置清单

节流件 型式	介质类型	流量计算 方法/标准	物性值计算 方法/标准	标定系数	组分
节流件 材质	管道材质	压力量程/ MPa	相对湿度状态	相对湿度/ %	
节流件开孔径/ mm	管道内径/ mm	温度量程/ ℃	差压量程/ Pa	当地大气压/ MPa	
瞬时流量单位	实际工作温度 范围/℃	实际工作压力 范围/MPa	实际最大流量	实际常用 流量	实际最小流量
设计压力（绝）/ MPa	设计温度/ ℃	设计差压测量 上限/Pa	设计最大流量	设计常用 流量	设计最小流量
参数调整记录					

B.3 一次装置检测/校准与核验记录

B.3.1 节流装置现场检测记录

证书编号	出证时间	出证单位	节流件型式	开孔径/mm	孔径比	流出系数	线性度/不确定度/%

B.3.2 相关技术文件核验记录

证书有效性核验	证书参数核验	计算书量程核验	差压量程核验	温度量程核验	压力量程核验	其他参数核验

注：按7.1.2的要求填写。

B.3.3 安装使用条件检测与核验记录

一次装置的安装方式，目测与管道是否同心	节流装置的前后直管段长度	差压管路的引出与敷设方式，是否会影响差压测量	取压阀、平衡阀能否正常开关？有无内漏

B.4 二次装置检测/校准记录

B.4.1 单项检测/校准方法

B.4.1.1 差压（压力）变送器校准记录

差压（压力）变送器校准记录

器具名称＿＿＿＿＿＿＿＿＿＿ 准确度等级级＿＿＿＿＿＿ 生产厂家＿＿＿＿＿＿＿＿＿＿

规格型号＿＿＿＿＿＿＿＿＿＿ 出厂编号＿＿＿＿＿＿ 测量范围＿＿＿＿＿＿＿＿＿＿

温度＿＿＿＿＿＿＿＿＿＿＿ 相对湿度＿＿＿＿＿＿＿＿ 编　号＿＿＿＿＿＿＿＿＿＿

标准器名称及型号＿＿＿＿＿＿＿＿＿＿＿＿ 校准依据＿＿＿＿＿＿＿＿＿＿＿

校准点/ （kPa 或 MPa）	理论 输出值/ mA	实际输出值/ mA						基本误差/ mA	回差/ mA
		第一次		第二次		第三次			
		上行程	下行程	上行程	下行程	上行程	下行程		

允许误差＿＿＿＿mA　　最大误差＿＿＿＿＿mA　　允许回差＿＿＿＿mA

最大回差＿＿＿＿mA　　绝缘电阻＿＿＿＿＿　　外　观＿＿＿＿＿

密　封　性＿＿＿＿＿　　测量不确定度＿＿＿mA　　校准结果＿＿＿＿＿

校准：　　　核验：　　　校准日期：　　　记录编号：　　　证书编号：

B.4.1.2 温度变送器（带温度传感器/不带温度传感器）校准记录

温度变送器（带传感器）校准记录

委托单位＿＿＿＿＿＿＿＿＿＿＿＿＿＿＿＿＿＿型号名称＿＿＿＿＿＿＿＿＿＿＿＿＿＿＿＿

出厂编号＿＿＿＿＿＿分度号＿＿＿＿＿＿测量范围＿＿＿＿＿＿准确度等级＿＿＿＿＿＿＿＿

制造单位＿＿＿＿＿＿＿＿＿＿＿＿＿＿＿＿室温＿＿＿＿＿相对湿度＿＿＿＿＿＿

校准依据＿＿＿＿＿供电状况＿＿＿＿＿绝缘电阻＿＿＿＿＿升、降温试验情况＿＿＿＿＿＿

标准器名称、编号＿＿＿＿＿＿＿＿＿＿＿＿＿＿＿＿＿＿＿＿＿＿＿＿＿＿＿＿＿＿＿＿＿＿

被校点/℃						
标准温度计读数/℃	1					
	2					
	3					
	4					
	5					
	6					
	平均值					
对应的输出/mA						
变送器输出值/mA	1					
	2					
	3					
	4					
	5					
	6					
	平均值					
误差/mA						
$(S/\sqrt{6})$/mA						
U/mA，$k=2$						

校准员：＿＿＿＿＿＿＿＿＿＿核验员：＿＿＿＿＿＿＿＿＿校准日期：＿＿＿＿＿＿＿＿＿＿

温度变送器（不带传感器）校准记录

委托单位＿＿＿＿＿＿＿＿＿＿＿＿＿＿＿＿＿＿＿＿＿＿＿＿＿型号名称＿＿＿＿＿＿＿＿＿＿＿＿＿＿＿

出厂编号＿＿＿＿＿＿＿分度号＿＿＿＿＿＿＿＿测量范围＿＿＿＿＿＿准确度等级＿＿＿＿＿＿＿＿

制造单位＿＿＿＿＿＿＿＿＿＿＿＿＿＿＿＿＿＿＿＿＿＿＿＿＿室温＿＿＿＿相对湿度＿＿＿＿＿＿

校准依据＿＿＿＿＿＿＿＿＿＿＿＿＿供电状况＿＿＿＿＿＿＿＿＿＿＿补偿导线修正值 $e =$ ＿＿＿＿mV

标准器名称、编号＿＿＿＿＿＿＿＿＿＿＿＿＿＿＿＿＿＿＿＿＿＿＿＿＿＿＿＿＿＿＿＿＿＿＿＿＿＿

被校点/℃									
对应电量值/mV									
理论输出值/mA									
实际输出值/mA	第一次	上行程							
		下行程							
	第二次	上行程							
		下行程							
	第三次	上行程							
		下行程							
平均值/mA									
$(S/\sqrt{n})$ /mA									
误差/μA									
U/μA, $k=2$									

校准员：＿＿＿＿＿＿＿＿＿＿＿　　核验员：＿＿＿＿＿＿＿＿＿＿＿　　校准日期：＿＿＿＿＿＿＿＿＿＿＿

B.4.1.3 流量积算单元检测/校准

B.4.1.3.1 流量积算单元-瞬时流量检测/校准记录

差压信号/ mA	温度信号/ （mA 或 Ω）	压力信号/ MPa	理论值/ （ ）	仪表显示值/ （ ）	误差/ %

B.4.1.3.2 流量积算单元-补偿参量检测/校准记录

试验点		零点	$0.25A_{max}$	$0.5A_{max}$	$0.75A_{max}$	A_{max}
温度 通道	理论计算值/℃					
	实测值/℃					
	误差/%					
压力 通道	理论计算值/MPa					
	实测值/MPa					
	误差/%					
差压 通道	理论计算值/MPa					
	实测值/MPa					
	误差/%					

B.4.2　成套检测/校准方法

B.4.2.1　瞬时流量检测/校准记录

差压信号/ kPa	温度信号/ ℃	压力信号/ MPa	标准值/ （　）	仪表显示值/ （　）	误差/ %

B.4.2.2　补偿参量检测/校准记录

试验点		零点	$0.25A_{max}$	$0.5A_{max}$	$0.75A_{max}$	A_{max}
温度 测量	标准信号值/℃					
	实测值/℃					
	误差/%					
压力 测量	标准信号值/MPa					
	实测值/MPa					
	误差/%					
差压 测量	标准信号值/kPa					
	实测值/kPa					
	误差/%					

附录 C 检测报告内页信息及格式

C.1 流量计系统配置清单

安装位置	温度变送器型号 /编号/精度等级	高量程差压变送器型号 /编号/精度等级	二次表型号 /编号/精度等级
节流装置编号	压力变送器型号 /编号/精度等级	低量程差压变送器型号 /编号/精度等级	备注信息

C.2 流量计参数设置清单

节流件型式	介质类型	流量计算 方法/标准	物性值计算 方法/标准	标定系数	组分
节流件材质	管道材质	压力量程/ MPa	相对湿度状态	相对湿度/ %	
节流件开孔径/ mm	管道内径/ mm	温度量程/ ℃	差压量程/ Pa	当地大气压/ MPa	
瞬时流量单位	实际工作 温度范围/℃	实际工作压力 范围/MPa	实际最大流量	实际常用流量	实际最小流量
设计压力（绝）/ MPa	设计温度/ ℃	设计差压测量 上限/Pa	设计最大流量	设计常用流量	设计最小流量
参数调整记录					

C.3 检测结果

C.3.1 一次装置

a）具有有效的几何检测法证书，现场核查安装符合本方法 6.3 规定的要求。一次装置可依据 JJG 640—2016《差压式流量计检定规程》附录 B 确定流出系数，并可依据 JJG 640—2016《差压式流量计检定规程》5.1 评估标准节流件引入的标准不确定度分量。

b）具有有效的系数检测法证书，现场核查安装符合本方法 6.3 规定的要求。一次装置可依据证书的结果评估标准节流件引入的标准不确定度分量及计算流出系数。

c）参照 JJG 640—2016《差压式流量计检定规程》7.1 对节流装置进行现场校准，现场核查安装符合本方法 6.3 规定的要求。一次装置可依据 JJG 640—2016《差压式流量计检定规程》附录 B 确定流出系数，并可依据 JJG 640—2016《差压式流量计检定规程》5.1 评估标准节流件引入的标准不确定度分量。

注：根据实际情况选择一个填写。

C.3.2 二次装置

C.3.2.1 单项检测法

a）温度变送器最大误差为_____mA；

b）压力变送器最大误差为_____mA；

c）差压变送器最大误差为_____mA；

d）流量积算单元温度转换通道最大的引入误差为_____%；

e）流量积算单元压力转换通道最大的引入误差为_____%；

f）流量积算单元差压转换通道最大的引入误差为_____%；

g）流量积算单元瞬时流量最大相对误差为_____%。

C.3.2.2 成套检测法

a）温度测量最大的引入误差为_____%；

b）压力测量最大的引入误差为_____%；

c）差压测量最大的引入误差为_____%；

d）瞬时流量最大相对误差为_____%。

C.3.3　节流式流量计瞬时流量的系统不确定度为_____%。

天然气管输流量计在线核查方法

1　范围 ·· 110

2　引用文件 ·· 110

3　术语 ·· 111

4　概述 ·· 112

5　技术要求 ·· 113

6　在线核查条件 ·· 113

　　6.1　流量计系统整体在线核查条件 ·· 113

　　6.2　被核查的天然气管输流量计计量系统条件 ······································ 113

　　6.3　被检查的天然气管输流量计的安装条件 ··· 113

　　6.4　在线核查设备 ··· 114

7　核查项目 ·· 115

　　7.1　天然气管输流量计计量系统核验 ·· 115

　　7.2　天然气管输流量计系统在线核查 ·· 115

8　在线核查方法 ·· 115

　　8.1　天然气管输流量计核验 ·· 115

　　8.2　天然气管输流量计量系统各组成单元的核查方法 ····························· 116

　　8.3　天然气管输流量计系统整体在线核查方法 ······································· 118

9　在线核查结果的表达 ··· 119

10　在线核查时间间隔 ··· 120

附录 A（规范性） 天然气管输流量计整体在线核查记录 ···················121

附录 B（规范性） 天然气管输流量计单项在线核查记录 ···················122

根据国内管输天然气流量计的在线核查现状与需求,本方法参照 JJG 643《标准表法流量标准装置检定规程》,结合 GB/T 18603《天然气计量系统技术要求》以及天然气管输流量计相关检定规程,提出了一套对天然气管输流量计进行在线核查的解决方案。

1 范围

本方法适用于工作压力不低于 0.1MPa(表压)的天然气流量计量系统。

本方法不涉及与其应用有关的所有安全问题。在使用本方法前,使用者有责任制定相应的安全和保护措施,并明确其限定的适用范围。

2 引用文件

下列文件对于本方法的应用是必不可少的。凡是注日期的引用文件,仅注日期的版本适用于本方法;凡是不注日期的引用文件,其最新版本适用于本方法。

GB/T 11062 天然气 发热量、密度、相对密度和沃泊指数的计算方法

GB/T 17747 天然气压缩因子的计算

GB/T 18603 天然气计量系统技术要求

GB/T 18604—2014 用气体超声流量计测量天然气流量

GB/T 21391 用气体涡轮流量计测量天然气流量

GB/T 21446 用标准孔板流量计测量天然气流量

GB/T 30500 气体超声流量计使用中检验 声速检验法

GB/T 34060 蒸汽热量计算方法

GB/T 34166 用标准喷嘴流量计测量天然气流量

GB/T 35186 天然气计量系统性能评价

SY/T 5398 石油天然气交接计量站计量器具配备规范

SY/T 6658 用旋进旋涡流量计测量天然气流量

JJG 229 工业铂、铜热电阻检定规程

JJG 640 差压式流量计检定规程

JJG 643　标准表法流量标准装置检定规程

JJG 882—2019　压力变送器检定规程

JJG 1003　流量积算仪检定规程

JJG 1030　超声波流量计检定规程

JJG 1037　涡轮流量计检定规程

JJG 1121　旋进旋涡流量计检定规程

JJF 1004　流量计量名词术语及定义

JJF 1059.1　测量不确定度评定与表示

JJF 1183　温度变送器校准规范

3　术语

3.1　天然气管输流量计

安装于天然气输气管道，用于天然气体积测量的流量计。本方法中天然气管输流量计是指超声流量计、标准孔板流量计、标准喷嘴流量计、涡轮流量计、旋进旋涡流量计等。

3.2　流量计在线核查

在两次校准或检定的间隔期内，为确认流量计是否具有检定/校准状态的可信度，而对正在使用中流量计的工作状态所进行的一系列规范化检测。

3.3　核查流量计

已知准确度且专用于核查或比对的流量计。

3.4　安装影响

计量设备或计量系统在实际安装后，工作条件不能完全达到标准规定的条件或校准（或检定）工作的条件而引起的计量结果偏差。

3.5　计量系统

用于实现专门计量的全套计量仪表和其他设备。

3.6 流量计算机

通过采集与流量相关的传感器信号，用相关的数学模型计算出流量（能量）的装置。

3.7 实流检定或校准

以天然气等为介质所进行的流量计检定或校准。

3.8 标准参比条件

本方法采用的天然气计量与发热量的标准参比条件均为：温度 20℃（热力学温度 293.15K）、压力 101.325kPa。

3.9 能量测量

根据要求，天然气计量系统的输出量可以是能量，其值是气体量和相应单位发热量的乘积。

4 概述

气体管输流量计在线核查由两个部分组成。第一部分：通过核验气体管输流量计是否具有检定/校准证书且在检定/校准周期内，确认气体管输流量计的安装使用符合相应的检定规程和标准，即超声流量计应符合 JJG 1030《流量积算仪检定规程》和 GB/T 18604—2014《用气体超声流量计测量天然气流量》相关要求，标准孔板流量计应符合 JJG 640《差压式流量计检定规程》和 GB/T 21446《用标准孔板流量计测量天然气流量》相关要求，标准喷嘴流量计应符合 JJG 640《差压式流量计检定规程》和 GB/T 34166《用标准喷嘴流量计测量天然气流量》相关要求，涡轮流量计应符合 JJG 1037《涡轮流量计检定规程》和 GB/T 21391《用气体涡轮流量计测量天然气流量》相关要求，旋进旋涡流量计应符合 JJG 1121《旋进旋涡流量计检定规程》和 SY/T 6658《用旋进旋涡流量计测量天然气流量》相关要求。通过检查天然气管输流量计的安装使用条件是否符合相应标准要求，确认在线使用的天然气管输流量计是否可具有检定/校准证书所给出的准确度/不确定度。第二部分：通过对天然气管输流量计量系统各组成单元分别进行在线核查，或将流量计量系统作为整体进行在线核查，即参照 JJG 643《标准表法流量标准装置检定规程》的示值检测法，通过使用与其串联核查流量计进行瞬时/累积流量比对验证被核查流量计的准确性。

5 技术要求

5.1 天然气管输流量计应有首检证书、安装使用说明书等技术文件。

5.2 所配流量积算仪/计算机应有首检证书（或测试报告）、参数设置清单、使用说明书等技术文件。

5.3 所配压力变送器、差压变送器、温度变送器应有首检证书（或测试报告）、使用说明书等技术文件。

6 在线核查条件

6.1 流量计系统整体在线核查条件

将流量计量系统作为整体开展比对时，应有与其串联的天然管输流量计计量系统，该流量计量系统应按相关标准和规程的要求安装使用且准确度等级应优于或等于被比对流量计量系统。

6.2 被核查的天然气管输流量计计量系统条件

天然气管输流量计及配套的压力变送器、温度变送器、流量计算机均在规定的检定周期内。

6.3 被核查的天然气管输流量计的安装条件

6.3.1 超声流量计的安装使用条件应符合 GB/T 18604—2014《用气体超声流量

计测量天然气流量》中第 8 章的要求。

6.3.2 标准孔板流量计的前后直管段、管道圆度与圆柱度、一次装置和夹持环的位置、差压取压口等安装使用条件应符合 GB/T 21446《用标准孔板流量计测量天然气流量》中相关条款的要求。

6.3.3 标准喷嘴（ISA 1932 喷嘴）流量计的前后直管段、管道圆度与圆柱度、一次装置和夹持环的位置、差压取压口等安装使用条件应符合 GB/T 34060《蒸汽热量计算方法》中相关条款的要求。

6.3.4 涡轮流量计的前后直管段、管道圆度与圆柱度、使用条件、过滤器应符合 GB/T 21391《用气体涡轮流量计测量天然气流量》中相关条款的要求。

6.3.5 旋进旋涡流量计的前后直管段、管道圆度与圆柱度、使用条件应符合 SY/T 6658《用旋进旋涡流量计测量天然气流量》中相关条款的要求。

6.4 在线核查设备

6.4.1 压力标准器（压力校验仪）

压力标准器应符合 JJG 882—2019《压力变送器检定规程》中 7.1.1 的要求。

6.4.2 温度标准器（温度校验仪）

温度发生范围：能覆盖被校准温度送器/温度传感器实际温度测量范围；准确度：±0.5℃；显示分辨力：0.01℃；温场波动：±0.03℃/15min；水平温场：±0.05℃；垂直温场：≤0.5℃。

6.4.3 差压标准器（差压校验仪）

压力标准器应符合 JJG 882—2019《压力变送器检定规程》中 7.1.1 的要求。

6.4.4 标准电阻箱

量程：0～400.000Ω；分辨力：10mΩ；准确度：0.02%RD+0.02Ω。

6.4.5 直流信号源

可输出三路 DC 0~20mA 连续可调信号；量程：0~22.0000mA；分辨力：优于 1μA；准确度：0.02%RD+1μA；稳定度：0.05%/2h。

6.4.6 核查流量计

核查流量计宜采用与被核查流量计不同测量原理的流量计，应按相关标准和规程的要求安装使用且准确度等级应优于或等于被核查流量计。

7 核查项目

7.1 天然气管输流量计计量系统核验

7.1.1 相关技术文件核验

7.1.2 安装使用条件核验

7.2 天然气管输流量计系统在线核查

7.2.1 单项在线核查

7.2.1.1 温度变送器在线核查

7.2.1.2 压力变送器在线核查

7.2.1.3 流量计一次部分与变送部分在线核查

7.2.1.3.1 标准节流式流量计节流装置及差压变送器的在线核查

7.2.1.3.2 超声流量计在线声速核查

7.2.1.4 流量积算仪/计算机在线核查

7.2.2 天然气管输流量计系统整体在线流量核查

8 在线核查方法

8.1 天然气管输流量计核验

8.1.1 相关技术文件核验

8.1.1.1 核验检定/校准证书（或有资质的第三方测试报告）与待核查流量计量系统是否一致且在规定的有效期内。

8.1.1.2 核验检定/校准证书（或有资质的第三方测试报告）给出的测试数据是否符合相应使用标准的相关规定。

8.1.1.3 核验天然气管输流量计量系统是否涵盖了现场实际温度、压力、流量波动范围。

8.1.1.4 核验流量计算机的设置参数与设置清单的一致性，其中温度/压力量程还应与温度/压力变送器设置一致且能涵盖实际测量范围。

8.1.2 天然气管输流量计安装使用条件核验

现场核验其安装方式（水平或垂直，水平安装时流量计量系统应高于两侧工艺管道）、前后直管段长度、与工艺管道的同心度、差压管路的引出与敷设方式（标准孔板与标准喷嘴流量计现场核验项目）、法兰与夹持环的位置（标准孔板与标准喷嘴流量计现场核验项目）等，核验其是否符合相应使用标准要求。

8.2 天然气管输流量计量系统各组成单元的核查方法

8.2.1 单项核查方法

8.2.1.1 温度变送器校准方法

在确认被校准温度变送器量程与参数设置清单中温度量程上下限一致后，使用标准温度信号发生器（温度校验仪）按照 JJF 1183《温度变送器校准规范》的规定进行。

8.2.1.2 压力变送器校准方法

在确认被校准压力变送器量程与参数设置清单中压力量程上下限一致后，使用标准压力信号发生器（压力校验仪）按照 JJG 882—2019《压力变送器检定规程》的规定进行。

8.2.1.3 流量积算仪/计算机核查方法

在确认被校准流量计算机中的设置参数与参数设置清单对应参数一致后，参照 JJG 1003《流量积算仪检定规程》的规定进行。

校准前通常被检仪表通电预热 10min。如产品说明书对预热时间另有规定的，则按说明书规定的时间预热。

将流量计算机的压缩因子、发热量、密度计算结果与理论值比对，理论值应按照 GB/T 11062《天然气 发热量、密度、相对密度和沃泊指数的计算方法》和 GB/T 17747《天然气压缩因子的计算》给出的方法计算。

8.2.1.4 流量计一次及变送部分在线核查方法

a）标准节流式流量计节流装置及差压变送器的在线核查方法

1）节流装置的安装使用在线核查

对于标准孔板流量计，现场核查的前后直管段、管道圆度与圆柱度、一次装置和夹持环的位置、差压取压口等安装使用条件是否符合 GB/T 21446《用标准孔板流量计测量天然气流量》中相关条款的要求。

对于标准喷嘴（ISA 1932 喷嘴）流量计，现场核查流量计的前后直管段、管道圆度与圆柱度、一次装置和夹持环的位置、差压取压口等安装使用条件应符合 GB/T 34060《蒸汽热量计算方法》中相关条款的要求。

2）差压变送器校准核查方法

在确认被校准差压变送器量程与计参数设置清单中差压量程上下限一致后，使用标准差压信号发生器（差压校验仪）参照 JJG 882《压力变送器校准规范》的规定进行。

b）声速核查法（超声流量计适用）

天然气用超声流量计的声速检验按照 GB/T 30500《气体超声流量计使用中检验声速检验法》执行。具体操作步骤如下：

第一步：对超声流量计及配套设备仪表（温变、压变、流量计算机、色谱仪）进行检查，确保各设备处于正常工作状态后，记录超声流量计及配套设备仪表信息；

第二步：确认天然气流动条件符合 GB/T 30500 中 6.1.1 的要求；

第三步：确认天然气组成及温度压力在 GB/T 30500 中表 1 规定的范围内；

第四步：在正常通气条件下，使用诊断软件（或通过配套流量计算机）检查超声流量计工作状态是否满足 GB/T 30500 中 6.3 的要求；

第五步：在正常通气条件下，确认压力波动在 GB/T 30500 在 6.2.3 规定的范围内，确认温度波动在 GB/T 30500 在 6.2.4 规定的范围内（观测 5min）；

第六步：采集声速核查所需参数——进行至少 3 次检测，每次检测（对在线色谱仪每次检测的时间为分析周期，对于离线色谱每次检测的时间为采样周期）进行一次实时组分分析，同时记录至少 6 次天然气温度、压力、超声流量计测量的流速及各声道声速，并计算平均值；

第七步：按照 GB/T 30500 中第 7 章的规定处理检测结果，编写核查报告。

8.3 天然气管输流量计系统整体在线核查方法

通过使用与其串联的天然气管输流量计量系统进行瞬时/累积流量比对，即使天然气在相同时间间隔内连续通过核查流量计和被核查测流量计，比较两者的瞬时/累积输出流量值，根据流量值偏差大小判断被核查流量计是否可正常使用。

8.3.1 核查流量计的使用要求

核查流量计的安装条件和配套装置应符合相应类型流量计的使用标准要求，满足本方法第 5 章、第 6 章中的要求，且在检定期内，其准确度等级应优于或等于被核查流量计。核查流量计和被核查流量计应确保相互之间无干扰条件下安装在同一管道上下游，通过流程切换能够保证天然气先后流经核查和被核查流量计，应保证流量计间无泄漏。

8.3.2 操作方法

根据现场实际情况确定检测的流量点，每个流量点测量 3 次。现场无法调节流量时可采用在不同的时段进行测量，流量点一般选择 1~3 个。

每次测量时，同时读取并记录被核查流量计和核查流量计的示值。若读取的数值为瞬时值，则至少读取 3 个数值，取其平均值；若读取的数值为累积值，则应保证大于最小读数的 1000 倍或读取至少 20min 的累积值。

第 i 个核查流量点测量的被核查流量计与核查流量计示值相对偏差 E_i 按式（1）计算。

$$E_i = \frac{(q_m)_i - (q_s)_i}{(q_s)_i} \times 100\% \quad\cdots\cdots\cdots\cdots\cdots\cdots\cdots （1）$$

式中：

$(q_m)_i$ —— 第 i 个核查流量点 3 次测量的被核查流量计示值的平均值（瞬时值，kg/h 或 t/h，或累积值，kg 或 t）；

$(q_s)_i$ —— 第 i 个核查流量点 3 次测量时的核查流量计示值的平均值（瞬时值，kg/h 或 t/h，或累积值，kg 或 t）。

被核查流量计与核查流量计示值相对偏差 E 按式（2）计算。

$$E = (E_i)_{max} \quad\cdots\cdots\cdots\cdots\cdots\cdots\cdots\cdots\cdots\cdots\cdots\cdots (2)$$

式中：

$(E_i)_{max}$ —— 第 i 个核查流量点中被核查流量计与核查流量计示值相对偏差的最大值，%。

8.3.3 重复性计算

流量核查的重复性 $(E_r)_i$ 按式（3）计算。

$$(E_r)_i = (E_i)_{max} - (E_i)_{min} \quad\cdots\cdots\cdots\cdots\cdots\cdots\cdots\cdots\cdots (3)$$

式中：

$(E_i)_{min}$ —— 第 i 个核查流量点中被核查流量计与核查流量计示值相对偏差的最小值，%。

9 在线核查结果的表达

在线核查完成后按照本方法给出核查结果，开具相应的核查报告或记录。

对于进行单项在线核查的流量计量系统，出具包含流量计量系统组成各部分的核查结果及流量计量系统不确定度评定的核查报告或记录。

对于进行整体在线核查的流量计量系统，应根据被核查流量计与核查流量计示值相对偏差 E 评定核查流量计工作状态是否正常，并出具核查报告或记录。式（4）、式（5）及式（6）为对核查结果进行判断的依据。

$$E \leqslant \sqrt{U(m)_{rel}^2 + U(S)_{rel}^2} \quad\cdots\cdots\cdots\cdots\cdots\cdots (4)$$

$$\sqrt{U(m)_{\text{rel}}^2 + U(S)_{\text{rel}}^2} < E \leqslant U(m)_{\text{rel}} + U(S)_{\text{rel}} \quad \cdots\cdots\cdots\cdots\cdots\cdots \quad (5)$$

$$E > U(m)_{\text{rel}} + U(S)_{\text{rel}} \quad \cdots\cdots\cdots\cdots\cdots\cdots\cdots\cdots \quad (6)$$

式中：

$U(m)_{\text{rel}}$ —— 被核查流量计系统的相对扩展不确定度；

$U(S)_{\text{rel}}$ —— 核查流量计系统的相对扩展不确定度。

满足式（4）可判定被核查流量计工作状态正常，可继续使用。

满足式（5）需关注核查流量计结果，应该再次进行核查，如再次核查结果相同，应查明原因。

满足式（6）可判定被核查流量计工作状态异常，应分析原因并排除造成工作状态异常的原因。

10   在线核查时间间隔

流量计的在线核查时间间隔通常不应超过 1 年。再次进行在线核查时，应至少提供最近一次的核查、校准（或检定）报告或记录。

附 录 A

（规范性）

天然气管输流量计整体在线核查记录

生产厂家			检测日期	
流量计类型			出厂编号	
准确度等级	级	测量范围	流量系数	
委托方			检测证书编号	
环境温度/℃		检测员	复核员	

一、管道及介质信息

前/后直管段	m/ m	管道外径	mm	管道壁厚	mm
管道材质		衬里材质		衬里厚度	mm
所测介质		介质温度	℃	介质压力	MPa

符合性描述：

（注：符合使用标准情况。）

二、比对数据

核查流量点	被核查流量计示值/（m³/h 或 m³）	平均值/（m³/h 或 m³）	核查流量计示值/（m³/h 或 m³）	平均值/（m³/h 或 m³）	相对偏差/%	重复性/%
备注						

附 录 B

（规范性）

天然气管输流量计单项在线核查记录

B.1 流量计系统配置与参数设置核查

B.1.1 流量计系统配置核查记录

安装位置	温度变送器型号/编号/精度等级	高量程差压变送器型号/编号/精度等级[①]	流量积算仪型号/编号/精度等级
一次表/节流装置类型/编号/精度等级[①]	压力变送器型号/编号/精度等级	低量程差压变送器型号/编号/精度等级[②]	备注信息

① 对于标准孔板与标准喷嘴流量计记录节流装置类型及编号，其他流量计记录流量计类型、编号及精度等级；

② 仅对标准孔板与标准喷嘴流量计进行记录。

B.1.2 流量计参数设置清单

节流件型式/流量计类型	介质类型	流量计算方法/标准	物性值计算方法/标准	标定系数/校准系数[①]	组分
节流件材质	管道材质	压力量程/MPa	相对湿度状态	当地大气压/MPa	
流件开孔径/mm[②]	管道内径/mm	温度量程/℃	差压量程/Pa		
瞬时流量单位	实际工作温度范围/℃	实际工作压力范围/MPa	实际最大流量	实际常用流量	实际最小流量

表（续）

设计压力（绝）/ MPa	设计温度 /℃	设计差压测量 上限/Pa[②]	设计 最大流量	设计 常用流量	设计 最小流量
参数调整记录					

① 对于标准孔板与标准喷嘴流量计标定的流出系数或流量系数，其他流量计为校准系数；

② 仅标准孔板与标准喷嘴流量计需进行记录。

B.2 变送器核查记录

B.2.1 压力变送器核查记录

型号 规格		出厂 编号		生产 厂家		测量 范围		最大允 许误差	
P_s/kPa		I_s/mA		I_m/mA		误差/mA		回差/mA	
			上行程	下行程					

B.2.2 差压变送器核查记录（仅适用于标准孔板与标准喷嘴流量计）

型号 规格		出厂 编号		生产 厂家		测量 范围		最大允 许误差	
P_s/kPa		I_s/mA		I_m/mA		误差/mA		回差/mA	
			上行程	下行程					

B.2.3 温度变送器（带温度传感器/不带温度传感器）核查记录

型号规格		出厂编号		生产厂家		测量范围		最大允许误差	
序号	T_{si}/℃	T_s/℃		I_s/mA	I_{mi}/mA		I_m/mA	误差/mA	U/mA
1									
2									
3									
4									
5									

B.3 流量积算单元（流量计算机）核查

B.3.1 流量积算单元-瞬时流量核查记录

差压信号/ mA	温度信号/ （mA 或 Ω）	压力信号/ mA	理论值/ （ ）	仪表显示值/ （ ）	误差/ %

B.3.2 流量积算单元-补偿参量核查记录

试验点		零点	$0.25A_{max}$	$0.5A_{max}$	$0.75A_{max}$	A_{max}
温度 通道	理论计算值/℃					
	实测值/℃					
	误差/%					
压力 通道	理论计算值/Pa					
	实测值/Pa					
	误差/%					
差压 通道	理论计算值/Pa					
	实测值/Pa					
	误差/%					

B.4 超声流量计声速在线核查记录

流量计生产厂家			检测日期			
流量计型号			出厂编号			
准确度等级		测量范围		流量系数		
委托方			检测证书编号			
环境温度/℃		检测员		复核员		

配套仪器设备					
名称	规格型号	生产厂家	测量范围	准确度等级/允许误差	证书编号
色谱仪					
取样器					
压力测量仪表					
温度测量仪表					

一、超声流量计运行状态诊断

各声道报警文件检查										
诊断项目	__声道		__声道		__声道		__声道		__声道	结果
	上行	下行	上行	下行	上行	下行	上行	下行	上行	下行	
信号强度（正常值_____）										
信号质量（正常值_____）										
信噪比（正常值_____）										
声道长度/mm	$L_1=$		$L_2=$		$L_3=$		$L_4=$		$L_5=$		$L_6=$

二、不同流量点（$q_{min}/q_t/\cdots/q_{max}$）或不同时间点测量数据

压力/MPa	__声道		__声道		__声道		__声道		__声道	天然气组分/%
温度/℃	上行	下行	上行	下行	上行	下行	上行	下行	上行	下行	
时间/μs										
流速/（m/s）										

表（续）

声速/（m/s）					
平均声速/（m/s）					

三、检测结果计算并处理

	第一次检测	第二次检测	第三次检测
平均流速/（m/s）			
平均温度/℃			
平均压力/MPa			
平均声速/（m/s）			
标准声速/（m/s）			
声速偏差/%			
测量声速差/（m/s）			
最大声速偏差/%			
最大测量声速差/（m/s）			
重复性/%			

B.5 标准节孔板与标准喷嘴流量计一次装置核查记录

B.5.1 节流装置现场核验记录

证书编号	出证时间	出证单位	节流件型式	开孔径/mm	孔径比	流出系数	线性度/不确定度/%

B.5.2 相关技术文件核验记录

证书有效性核验	证书参数核验	计算书量程核验	差压量程核验	温度量程核验	压力量程核验	其他参数核验

B.5.3 安装使用条件核验记录

一次装置的安装方式,目测与管道是否同心	节流装置的前后直管段长度	差压管路的引出与敷设方式,是否会影响差压测量	取压阀、平衡阀能否正常开关?有无内漏

自动轨道衡在线校准规范

1 范围 ·· 131

2 引用文件 ·· 131

3 术语 ·· 131

4 校准原理 ·· 132

5 校准要求 ·· 133

    5.1 通用技术要求 ···································· 133

    5.2 基本要求 ·· 133

6 计量性能要求 ·· 133

    6.1 分度值 ·· 133

    6.2 最大允许误差 ···································· 134

7 校准条件 ·· 134

8 校准方法 ·· 134

    8.1 校准准备 ·· 134

    8.2 校准步骤 ·· 134

    8.3 数据处理 ·· 136

    8.4 称量结果判定 ···································· 136

9 校准结果表达 ·· 136

10 复校时间间隔 ··· 136

附录 A 标准值可靠性的验证 ····························· 137

附录 B　称量结果的判定 ··· 138

附录 C　校准记录格式 ··· 139

石化企业使用的自动轨道衡在用于贸易结算或计量比对时，检定周期一般不超过 1 年。期间通过动静态计量校准的方法，可以验证自动轨道衡的准确度，避免因传感器波动、信号传输故障等问题导致衡器计量性能不稳定，从而影响计量结果准确性，确保其在生命周期内使用正常、量值准确可靠。

本方法根据国内自动轨道衡校准的现状，参照 JJG 234《自动轨道衡检定规程》和 GB/T 11885《自动轨道衡》进行制定，主要技术指标也参照执行。

本方法所用术语，除在本规范中专门定义的外，均采用 JJF 1001《通用计量术语及定义》。

1 范围

本规范适用于自动轨道衡的动态计量在线校准以及在使用过程中的期间核查。

2 引用文件

下列文件对于本规范的应用是必不可少的。凡是注日期的引用文件，仅注日期的版本适用于本规范；凡是不注日期的引用文件，其最新版本适用于本规范。

GB/T 8170　数值修约规则与极限数值的表示和判定

GB/T 11885　自动轨道衡

GB/T 14250　衡器术语

JJG 234　自动轨道衡检定规程

JJF 1001　通用计量术语及定义

3 术语

3.1 自动轨道衡

按照预定程序对行进中的铁路货车进行称量，具有对称量数据进行处理、判断、指示和打印等功能的一种自动衡器。

3.2 整车称量

整个车辆通过承载器的称量。

3.3 动态称量

铁路车辆在运行状态下进行的称量。

3.4 静态称量

铁路车辆在静止状态下进行的称量。

3.5 列车称量

确定联挂车辆累计质量的称量。

3.6 最高称量速度

动态称量时轨道衡允许的最高车辆速度,超过此速度时,称量结果可能会出现过大的相对误差。

3.7 最低称量速度

动态称量时轨道衡允许的最低车辆速度,低于此速度时,称量结果可能会出现过大的相对误差。

3.8 称量速度范围

动态称量时介于最低和最高称量速度之间的范围。

4 校准原理

以自动轨道衡静态称重计量(自动轨道衡静态已建标)为标准值,将准备的编组罐车依次在自动轨道衡静态脱钩称重计量和自动轨道衡动态计量,比较两者的称重计量值,获得被校自动轨道衡动态的相对误差。

5 校准要求

5.1 通用技术要求

应有被校自动轨道衡的使用说明书,提供的技术参数符合规范要求。

5.2 基本要求

5.2.1 衡器参数检查

参照国家标准(或生产厂家的企业标准)、自动轨道衡说明书,对现场被校自动轨道衡符合性进行确认,并对系统设置的衡器参数、机械及传感器信号、接地电阻、轨缝隙、报警信息等进行检查,确认自动轨道衡运行正常。

5.2.2 报警信息检查

自动轨道衡应无故障信息。

5.2.3 检定/校准证书检查

自动轨道衡应有前次的检定/校准证书。

6 计量性能要求

6.1 分度值

分度值 e 应以 1×10^{k}、2×10^{k}、5×10^{k}(k 为正整数)形式表示。

准确度等级、分度值和分度数之间的关系见表 1。

表 1 准确度等级、分度值和分度数之间的关系

准确度等级	称量值 m(以检定分度值 e 表示)/kg	分度数(n=Max/e)	
		最小值	最大值
0.2	≤50	1000	5000
0.5	≤100	500	2500
1	≤200	250	1250
2	≤500	100	600

6.2 最大允许误差

动态称量最大允许误差（在使用中检查，以车辆及列车的质量分数表示）见表2。

表2 动态称量最大允许误差（MPE）

准确度等级	最大允许误差
0.2	±0.20%
0.5	±0.50%
1	±1.00%
2	±2.00%

注：质量为18～35t的车辆按照35t计算最大允许误差。

7 校准条件

7.1 校准方法中所使用的自动轨道衡须经检定/校准合格且在有效期内。

7.2 编组包含5节罐车，质量分别约为20t、50t、68t、76t、84t，按照以下顺序编组：机车—84t—50t—76t—68t—20t。

8 校准方法

8.1 校准准备

选择轨道衡静态计量值作为标准值（以下简称标准值）时，对编组罐车有以下要求，罐车尽量选择不易汽化的成品油，如柴油、重油，易于控制装车质量，确保准备车辆的质量和编组要求质量基本一致。

8.2 校准步骤

主要标准器为自动轨道衡（可以静态计量），其技术要求见表3。

表3 主要标准器技术要求

设备名称	测量范围/t	技术指标	用途
自动轨道衡	0～100	1级或更优	静态计量标准值

8.2.1 标准值的获取方法

自动轨道衡静态称重获取罐车质量标准值。根据自动轨道衡实际情况，将选择的编组罐车在自动轨道衡上依次脱钩静态计量单节质量，作为标准值。

8.2.2 标准值可靠性的验证

将已获取的每节罐车的标准值 m_1 与采用流量计定量装车计量数值 m_0 比对，按照式（1）计算，验证标准值的可靠性（标准值可靠性的验证，也可以根据现场的条件，使用另一台静态轨道衡称重的量或人工检尺计量的量，进行比对验证）。

按照式（1）计算，进行标准值可靠性的验证，当比对误差 δ 不超过 $\pm 0.2\%$ 时，则该标准值可靠，记录表格见附录 A；当比对误差 δ 超过 $\pm 0.2\%$ 时，则查找原因，并根据实际情况向检定机构申请对该衡器进行调试、检定。

$$\delta = \frac{m_1 - m_0}{m_0} \times 100\% \quad\cdots\cdots\cdots\cdots\cdots\cdots\cdots\cdots\cdots\cdots\cdots\cdots \text{（1）}$$

式中：

δ —— 比对误差，%；

m_1 —— 车辆的标准值，kg；

m_0 —— 流量计定量装车计量值，kg。

8.2.3 动态称量时罐车速度应控制在 5～15km/h 范围内，编组罐车按照高、中、低不同速度上衡后滑行（不加减速）往返计量共 5 次，按照进厂和出厂方向分别计算每节罐车的动态称重平均质量。

8.2.4 车辆称量

根据表 2 准确度等级计算车辆的最大允许误差，按照 GB/T 8170《数值修约规则与极限数值的表示和判定》中的进舍规则修约为整数，获得修约后的最大允许误差，若计算出的最大允许误差小于检定分度值 $1e$（根据检定证书或表 1），则该称点的最大允许误差按照 $1e$ 进行处理。

8.2.5　列车称量

根据表 2 准确度等级计算列车的最大允许误差，按照 GB/T 8170《数值修约规则与极限数值的表示和判定》中的进舍规则修约为整数，获得修约后的最大允许误差，若计算出的最大允许误差小于检定分度值 $5e$（根据检定证书或表 1），则该称点的最大允许误差按照 $5e$ 进行处理。

8.3　数据处理

自动轨道衡称量结果示值误差的按照式（2）计算。

$$E = I - m_0 \cdots\cdots\cdots\cdots\cdots\cdots\cdots\cdots\cdots\cdots\cdots\cdots（2）$$

式中：

E —— 轨道衡称量的示值误差，kg；

I —— 轨道衡称量车辆的示值，kg；

m_0 —— 车辆的标准值，kg。

8.4　称量结果判定

联挂车辆动态称量的最大允许误差按照表 2 进行计算修约为整数，其中 90%（按每个编组中的各个称量点进行计算）的称量值不得超过修约后的最大允许误差值，不超过 10%（按每个编组中的各个称量点进行计算）的称量值可以超过修约后的最大允许误差值，但不得超过该误差的 2 倍，举例见附录 B；列车称量时，所有的动态称量值都应符合修约后的最大允许误差。

9　校准结果表达

出具校准数据，校准记录见附录 C。

10　复校时间间隔

使用单位可根据自动轨道衡的校准结果和生产工况的实际情况，合理确定复校时间间隔。

附录 A   标准值可靠性的验证

车号	标准值 m_1/kg	比对值 m_0/kg	比对误差 δ/%	备注

附录 B　称量结果的判定

例：车辆使用中校准。

对于联挂车辆称量准确度等级为 1 级、e=200kg 的轨道衡，按照 35000kg 进行最大允许误差的计算。

MPE 为：35000kg×（±1.00%）=±350kg；

修约后的 MPE 为（一倍误差内）：±350kg＞1e，则该 MPE 取±350kg；

MPE 的两倍为：±700kg；

两倍误差外：超过±700kg。

轨道衡的 10 个称量示值分别为：22150kg、22150kg、22250kg、22260kg、22150kg、22260kg、22270kg、22260kg、22280kg、22260kg。

轨道衡示值与标准值之差分别为：−130kg、−130kg、−30kg、−20kg、−130kg、−20kg、−10kg、−20kg、0kg、−20kg。

在 10 个称量值中，一倍误差内的有 10 个，一倍误差外两倍误差内的有 0 个，两倍误差外的有 0 个，因此轨道衡的该称量点合格。

如果其他 4 个称量点各 10 个称量值中，有不多于 1 个的称量值超过一倍误差，但没有超过两倍误差，则判定该轨道衡符合使用要求。

附录 C 校准记录格式

校准日期：　　　　　　证书编号：　　　　　　送校单位器具名称：

制造单位：　　　　　　型号规格：　　　　　　器具编号：

校准依据：　　　　　　　　　　　　　　　　校准结论：

校准所用的计量标准器：　　　　　　　　　　标准名称型号/编号：

称量范围准确度等级：　　　　　　　　　　　证书编号有效期限：

编组方式	机车—84t—50t—76t—68t—20t				
车辆车号					列车称重
标准值					
MPE					
两倍误差					
一倍误差上限值					
一倍误差下限值					
两倍误差上限值					
两倍误差下限值					
过衡方式： 推□　拉□					
序号	1				
	2				
	3				
	4				
	5				
过衡方式： 推□　拉□					
序号	1				
	2				
	3				
	4				
	5				
校准结果处理					
一倍误差内					
一倍误差外					
两倍误差内					
两倍误差外					

校准人员：　　　　　　　　　　核验人员：

汽车衡在线校准方法

1 范围 ·· 142

2 引用文件 ·· 142

3 术语 ·· 143

4 概述 ·· 143

   4.1 汽车衡 ·· 143

   4.2 汽车衡在线比对 ·· 144

5 计量特性 ·· 144

6 比对条件 ·· 144

   6.1 环境条件 ··· 144

   6.2 标准砝码 ··· 145

   6.3 汽车衡 ·· 145

   6.4 质量流量计 ·· 145

   6.5 其他设备 ··· 145

7 汽车衡间比对法 ·· 145

   7.1 一般检查 ··· 145

   7.2 比对步骤 ··· 145

   7.3 安全注意事项 ·· 146

   7.4 比对结果计算 ·· 146

   7.5 比对时间间隔 ·· 146

8 标准砝码比对法 ·· 147

8.1 一般检查 ··· 147

8.2 比对步骤 ··· 147

8.3 安全注意事项 ······································· 148

8.4 比对结果计算 ······································· 148

8.5 比对结果表达 ······································· 149

8.6 比对时间间隔 ······································· 149

9 定量装车比对法 ·· 149

8.1 一般检查 ··· 149

9.2 比对步骤 ··· 149

9.3 安全注意事项 ······································· 150

9.4 比对结果表达 ······································· 150

9.5 比对时间间隔 ······································· 150

附录 A 汽车衡在线校准记录 ······························· 151

附录 B 汽车衡标准砝码在线校准记录 ······················ 152

附录 C 汽车衡与定量装车在线比对记录 ···················· 153

附录 D 校准结果不确定度的评定方法与示例 ················ 154

汽车衡在检定周期内因频繁使用造成故障增多以及非预期情况的发生，从而导致汽车衡的准确度下降甚至失准，因此对汽车衡进行定期在线比对能有效控制衡器的准确度，及时发现问题并处理，确保其在生命周期内正常使用、量值准确可靠。

本方法根据国内汽车衡的在线比对现状，参照 JJG 99《砝码检定规程》和 GB/T 23111《非自动衡器》，结合 JJG 539《数字指示秤检定规程》进行制定，主要技术指标也参照执行。

本方法所用术语，除在本方法中专门定义的外，均采用 JJF 1001《通用计量术语及定义》和 JJF 1004《流量计量名词术语及定义》。

本方法参考了 JJF 1094《测量仪器特性评定》对测量方法计量不确定度的要求，及 JJG 539《数字指示秤检定规程》对检定环境条件的要求。

1 范围

本方法适用于汽车衡在检定有效期内的期间核查，企业可根据自身计量器具配备情况选取合适的校准方法。

2 引用文件

下列文件对于本方法的应用是必不可少的。凡是注日期的引用文件，仅注日期的版本适用于本方法；凡是不注日期的引用文件，其最新版本适用于本方法。

GB/T 23111 非自动衡器

JJG 99 砝码检定规程

JJG 539 数字指示秤检定规程

JJG 1038 科里奥利质量流量计检定规程

JJF 1001 通用计量术语及定义

JJF 1004 流量计量名词术语及定义

JJF 1094 测量仪器特性评定

JJF 1139 计量器具检定周期确定原则和方法

JJF 1181 衡器计量名词术语及定义

3 术语

3.1 临时标准汽车衡

满足 JJG 539《数字指示秤检定规程》的要求且计量性能优良的汽车衡。

3.2 临时标准值 M_0

在临时标准汽车衡测量的重载车辆的质量。

3.3 在线比对

确定在线使用中的汽车衡所指示的量值与对应的标准砝码、相关量值之间关系的一组操作。

4 概述

4.1 汽车衡

4.1.1 工作原理

当被称货物置于承载器上后，称重传感器产生电信号，该信号经过称重指示器数据处理直接显示出称量结果。

4.1.2 构造

汽车衡由承载器、称重传感器、称重指示器和衡器基础等组成；称重指示器具有数字指示功能，承载器根据被称量载荷的特点具有不同结构。

4.1.3 分类

按称重传感器输出信号不同的汽车衡可分为模拟式和数字式。

4.2 汽车衡在线比对

汽车衡在线比对是用参照汽车衡、标准砝码及质量流量计对汽车衡的计量性能进行判定的一组操作。

5 计量特性

依据 GB/T 23111《非自动衡器》中 3.5.2 "使用中衡器的最大允许误差应是两倍的首次检定最大允许误差"，在线比对汽车衡在使用中校验的最大允许误差应符合表 1 的规定。

表 1 最大允许误差

称量值 m（以检定分度值 e 表示）	最大允许误差
$0{\leqslant}m{\leqslant}500$	$\pm1.0e$
$500{<}m{\leqslant}2000$	$\pm2.0e$
$2000{<}m{\leqslant}10000$	$\pm3.0e$

6 比对条件

6.1 环境条件

6.1.1 大气环境条件一般应满足：

环境温度：传感器-20~60℃，仪表-10~40℃；

相对湿度：35%~95%；

大气压力：86~106kPa。

6.1.2 电源满足现场工况要求。

6.1.3 场地满足安全操作要求。

6.1.4 外界磁场应小到对汽车衡和流量计的影响可忽略不计。

6.1.5 振动和噪声应小到对汽车衡和流量计的影响可忽略不计。

6.2 标准砝码

6.2.1 标准砝码为 M_1 等级，满足 JJG 99《砝码检定规程》的要求。

6.2.2 标准砝码应有有效的校准或检定证书。

6.3 汽车衡

6.3.1 汽车衡应满足 JJG 539《数字指示秤检定规程》的要求。

6.3.2 汽车衡最小分度值应优于或等于 20kg。

6.3.3 汽车衡应有有效的检定证书。

6.4 质量流量计

6.4.1 流量计应满足 JJG 1038《科里奥利质量流量计检定规程》的要求。

6.4.2 流量计的安装与使用应满足产品说明书的要求。

6.4.3 流量计应有有效的校准或检定证书。

6.5 其他设备

用于比对的汽车和叉车。

7 汽车衡间比对法

7.1 一般检查

7.1.1 现场检查汽车衡传感器与称重仪表各接线是否牢固。

7.1.2 查看汽车衡秤台底部和坡道附近是否有堆积物与秤台相接触。

7.1.3 秤台限位距离是否在合理范围内。

7.1.4 汽车衡开机预热时间根据其设备说明书操作。

7.1.5 汽车衡称重仪表在比对前后需检查零点。

7.2 比对步骤

7.2.1 具备 2 台及以上汽车衡的企业可以此方法开展衡器间比对。

7.2.2 选取计量性能较好的汽车衡作为临时标准汽车衡。

7.2.3 选取不低于汽车衡满量程 30%且不高于汽车衡满量程 70%的重载汽车，以小于 3km/h 的速度缓慢驶入临时标准汽车衡。

7.2.4 根据重载车辆及临时标准汽车衡秤台的长度，使车辆停在秤台中间位置，测量重载车辆毛重，重复上述步骤若干次，分别记录其测量值，取平均值作为临时标准值 M_0，建议测量 3 次以上。

7.2.5 得到临时标准值 M_0 的重载汽车以小于 3km/h 的速度缓慢驶入其他待比对的汽车衡测得质量 M_i（M_i 为第 i 台汽车衡测量的重载汽车质量）。

7.2.6 将 M_i 与 M_0 进行比对，从而确定第 i 台汽车衡的准确性。

7.3 安全注意事项

避免在雨雪天气和大风天气进行比对。

7.4 比对结果计算

测量值与临时标准值的差值按式（1）计算。

$$d_i = M_i - M_0 \cdots\cdots\cdots\cdots\cdots\cdots\cdots\cdots\cdots\cdots\cdots （1）$$

式中：

　d_i —— 第 i 台汽车衡的测量值与临时标准值的差值；

　M_i —— 第 i 台汽车衡测量的重载汽车质量；

　M_0 —— 临时标准值。

　d_i 应满足表 1 要求，比对记录格式见附录 A。

7.5 比对时间间隔

由于比对时间间隔是由汽车衡的使用状况及计量物料性质等诸多因素决定，使用单位可根据汽车衡实际工况合理制定比对时间间隔。

汽车衡比对周期建议为 3 个月。

8 标准砝码比对法

8.1 一般检查

8.1.1 现场检查汽车衡传感器与称重仪表各接线是否牢固。

8.1.2 查看汽车衡秤台底部和坡道附近是否有堆积物与秤台相接触。

8.1.3 秤台限位距离是否在合理范围内。

8.1.4 汽车衡开机预热时间根据其设备说明书操作。

8.1.5 汽车衡称重仪表在比对前后需检查零点。

8.2 比对步骤

8.2.1 建立临时标准汽车衡。

8.2.1.1 选取计量性能较好的汽车衡作为临时标准汽车衡，预装标准砝码的车辆空载，在汽车衡上测量出皮重 M_p。

8.2.1.2 车辆装载若干标准砝码，整车质量不低于汽车衡满量程 30%且不高于汽车衡满量程 70%，在临时标准汽车衡上测量出毛重 M_0。

8.2.1.3 由车辆毛重减去皮重计算出标准砝码称量的净重。

8.2.1.4 若称量的净重与标准砝码的标准值 M_f 的误差 M_c 符合 JJG 539《数字指示秤检定规程》最大允许误差的要求，则皮重的标准值为 M_p+M_c，该汽车衡符合临时标准汽车衡的要求，并将该车辆的毛重（$M_p+M_c+M_f$）即（M_0+M_c）作为临时标准值。

8.2.2 临时标准值与其他衡器比对。

8.2.2.1 车辆携带标准砝码以小于 3km/h 的速度缓慢驶入待比对的汽车衡。

8.2.2.2 根据重载车辆及待比对汽车衡秤台的长度，使车辆停在秤台中间位置，测量载重车辆毛重若干次，分别记录其测量值，建议测量 3 次以上。

8.2.2.3 其测量值与临时标准值之差与测量的扩展不确定度之和应小于汽车衡在使用校验中的表 1 的规定，则该汽车衡合格。

8.2.2.4 如测量值超差，则还需要用叉车加载适量砝码，测试各承重点示值是否合格，并根据实际情况向有计量检定资质的部门机构申请对该衡器进行调试、检定。

8.3 安全注意事项

避免在雨雪天气和大风天气进行比对。

8.4 比对结果计算

8.4.1 测量值与临时标准值的差值按式（2）计算。

$$d_i = M_i - (M_0 + M_C) \quad\cdots\cdots\cdots\cdots\cdots\cdots\cdots\cdots\cdots \quad（2）$$

式中：

d_i —— 第 i 台汽车衡的测量值与临时标准值的差值；

M_i —— 第 i 台汽车衡测量的重载汽车质量；

M_0 —— 临时标准值；

M_C —— 标准砝码的标准值与称量的净重的误差。

8.4.2 测量不确定度

因车辆本身误差在临时标准汽车衡和比对汽车衡测量时均有引入，所以可以抵消。不确定度值参照附录 D，按附录 D 式（D.6）计算测量不确定度。

$$U = k u_c , \quad k = 2$$

式中：

U —— 扩展不确定度；

k —— 包含因子；

u_c —— 合成标准不确定度。

8.4.3 综合误差按式（3）计算。

$$E = d_i + U \quad\cdots\cdots\cdots\cdots\cdots\cdots\cdots\cdots\cdots \quad（3）$$

式中：

E —— 综合误差；

d_i —— 第 i 台汽车衡的测量值与临时标准值的差值；

U —— 扩展不确定度。

比对的综合误差结果应满足表 1 的要求。

8.5 比对结果表达

比对记录格式见附录 B。

8.6 比对时间间隔

由于比对时间间隔是由汽车衡的使用状况及计量物料性质等诸多因素决定，使用单位可根据汽车衡实际工况合理制定比对时间间隔。

汽车衡比对周期建议为 3 个月。

9 定量装车比对法

9.1 一般检查

9.1.1 现场检查汽车衡传感器与称重仪表各接线是否牢固。

9.1.2 查看汽车衡秤台底部和坡道附近是否有堆积物与秤台相接触。

9.1.3 秤台限位距离是否在合理范围。

9.1.4 汽车衡开机预热时间根据其设备说明书操作。

9.1.5 汽车衡称重仪表在比对前后需检查零点。

9.1.6 现场检查质量流量计变送器中影响计量准确度关键参数的设置是否正确。

9.1.7 观察并记录质量流量计的常用工作流量。

9.2 比对步骤

9.2.1 车辆空车以小于 3km/h 的速度缓慢驶入待比对汽车衡，测量得出车辆皮重。

9.2.2 定量装车前记录质量流量计前读数，车辆定量装车完毕后，记录质量流量计后读数，由后读数减去前读数计算出装车量。

9.2.3 建议选取常压液态物料进行比对。

9.2.4 重载车辆以小于 3km/h 的速度缓慢驶入到汽车衡测量毛重并计算净重。

9.2.5 通过比对汽车衡净重和定量装车量，从而判断汽车衡的准确性。

9.3 安全注意事项

避免在雨雪天气和大风天气进行比对。

9.4 比对结果表达

9.4.1 定量装车值按式（4）计算。

$$Q_j = Q_{j1} - Q_{j0} \cdots\cdots\cdots\cdots\cdots\cdots\cdots\cdots\cdots\cdots\cdots（4）$$

式中：

Q_j —— 第 j 次定量装车量；

Q_{j1} —— 第 j 次定量装车的后读数；

Q_{j0} —— 第 j 次定量装车的前读数。

9.4.2 测量值与定量装车量的差值按式（5）计算。

$$d_j = M_j - Q_j \cdots\cdots\cdots\cdots\cdots\cdots\cdots\cdots\cdots\cdots（5）$$

式中：

d_j —— 第 j 次汽车衡测量值与定量装车量的差值；

M_j —— 第 j 次汽车衡测量值；

Q_j —— 第 j 次定量装车量。

d_j 应满足表 1 的要求，比对记录格式见附录 C。

9.5 比对时间间隔

定量装车比对法时间间隔可根据实际设备状态自行设定，可为每车比对或批次中若干车次比对。

附录 A 汽车衡在线校准记录

编码： 编号：

序号	车号	汽车衡位号	临时标准值/kg	比对质量/kg	示值差/kg	最大允许误差/kg	结论
1							
2							
3							
4							
5							
6							
7							
8							
9							
10							
记录：			审核：			日期：	

附录 B 汽车衡标准砝码在线校准记录

编码：   编号：

序号	初始零点	回程零点	临时标准值/kg	测量值/kg	不确定度引入误差值/kg	综合误差/kg	使用中校验的最大允许误差/kg	结论
\multicolumn{9}{汽车衡位号：临时标准值：}
1								
2								
3								
4								
5								
6								
7								
8								
9								
10								

记录：   审核：   日期：

附录 C 汽车衡与定量装车在线比对记录

编码：   编号：

序号	车号	物料名称	毛重/kg	皮重/kg	净重/kg	流量计前读数/kg	流量计后读数/kg	流量计量/kg	差量/kg	允许误差/kg
1										
2										
3										
4										
5										
6										
7										
8										
9										
10										

汽车衡位号：   流量计位号：   结论：

记录：   审核：   日期：

附录 D 校准结果不确定度的评定方法与示例

a）数学模型见式（D.1）。

$$E = I + 0.5e - L - \Delta L \quad\cdots\cdots\cdots\cdots\cdots\cdots\cdots\cdots\cdots\cdots\cdots\cdots\cdots \text{（D.1）}$$

式中：

E——汽车衡的示值误差，kg；

I——汽车衡的示值，kg；

e——汽车衡的检定分度值，kg；

L——标准砝码的质量值，kg；

ΔL——标准附加砝码的质量值，kg。

b）测量不确定度的来源：

1）重复性测量引入的测量不确定度 u_1；

2）标准砝码的质量值不准引入的不确定度 u_2。

c）重复性测量引入的测量不确定度 u_1：

单次测量的标准偏差按式（D.2）计算。

$$s = \sqrt{\frac{\sum\limits_{i=1}^{n}(x_i - \overline{x})}{n-1}} \quad\cdots\cdots\cdots\cdots\cdots\cdots\cdots\cdots\cdots\cdots\cdots\cdots \text{（D.2）}$$

重复性测量的标准偏差按式（D.3）计算。

$$u_1 = s(\overline{x}) = \frac{s}{\sqrt{n}} \quad\cdots\cdots\cdots\cdots\cdots\cdots\cdots\cdots\cdots\cdots\cdots\cdots \text{（D.3）}$$

式中：

s——标准偏差；

n——同一载荷测量的次数；

x_i——同一载荷第 i 次测量的称重示值，kg；

$\overline{x}$——同一载荷 n 次测量的算术平均值，kg。

d）标准砝码的质量值不准引入的不确定度 u_2：

根据 JJG 99《砝码检定规程》，1000kg 砝码的最大允许误差 MPE 为±100g，因数字指示秤进行检定时，通常需要使用多个砝码的组合，就需要对多个砝码的测量不确定度进行合成。由于检定时使用的砝码来自同一个计量标准装置，这些相同标称值的砝码通常是同时由相同的天平、高等级砝码进行检定，可以认为这些砝码的质量值是正强相关的，相关系数为+1。因此，由砝码组合引入的测量不确定度就是单个砝码不确定度的累加，则 N 个砝码的测量不确定度按式（D.4）计算。

$$u_2 = \frac{N \times 0.1}{\sqrt{3}} \quad\cdots\cdots\cdots\cdots\cdots\cdots\cdots\cdots\cdots \text{（D.4）}$$

e）灵敏系数因各输入量不相关，c=1。

f）合成标准不确定度 u_C 按式（D.5）计算。

$$u_C = \sqrt{u_1^2 + u_2^2} \quad\cdots\cdots\cdots\cdots\cdots\cdots\cdots\cdots \text{（D.5）}$$

g）扩展不确定度 U 按式（D.6）计算。

$$U = ku_C, \quad k = 2 \quad\cdots\cdots\cdots\cdots\cdots\cdots\cdots\cdots \text{（D.6）}$$

示例：由某次检定的原始记录得到的数据见表 D.1。

表 D.1　检定原始记录数据表

测定次数/次 标准砝码值/kg	1	2	3	4	5	6	7	8	9	10	平均值/kg
15000	15020	15020	15000	15000	15000	15000	15000	15000	14980	14980	15000
40000	40020	40000	40000	40020	40000	39980	40000	40000	40000	40000	40002
50000	50000	50000	50000	50020	50000	50000	50000	50000	49980	50000	50000

以称量值为 40000kg 时进行分析，各主要测量不确定度分量汇总见表 D.2。

表 D.2　不确定度分量汇总表

序号	不确定度分量	灵敏度系数 c_i	$(c_i \times u_i)$/kg
1	重复性测量引入的测量不确定度 u_1	1	3.59
2	标准砝码的质量值不准引入的不确定度 u_2	1	2.32

由式（D.5）计算得出合成标准不确定度：$u_\mathrm{C}=\sqrt{u_1{}^2+u_2{}^2}=\sqrt{3.59^2+2.32^2}=$ 4.3kg；

由式（D.6）计算得出扩展不确定度：$U=2\times4.3=8.6$kg，$k=2$；

取 $U=9$kg；

在检定显示值为 40000kg 时，该秤的测量结果为：$m=40002$kg，$U=9$kg，$k=2$。

电子皮带秤在线校准规范

1 范围 ··· 159

2 引用文件 ··· 159

3 术语 ··· 159

4 概述 ··· 159

   4.1 电子皮带秤 ······································ 159

   4.2 校准原理 ·· 160

   4.3 物料校准与链码校准适用性比较 ···················· 160

5 计量特性 ··· 161

   5.1 准确度等级 ······································ 161

   5.2 最大允许误差 ···································· 161

6 校准条件 ··· 161

   6.1 通用技术要求 ···································· 161

   6.2 基本要求 ·· 162

7 校准项目和校准方法 ··································· 163

   7.1 校准项目 ·· 163

   7.2 校准方法 ·· 163

   7.3 安全注意事项 ···································· 166

8 校准结果表达 ··· 166

9 复校时间间隔 ··· 166

附件 A　电子皮带秤校准报告（链码）……………………………………167

附件 B　电子皮带秤校准报告（料斗秤）…………………………………168

电子皮带秤主要用于煤炭等固体散装物料的称重计量，由于电子皮带秤计量是动态计量，且皮带受温度及环境影响较大，又无法拆卸送检，因此在线校准是解决电子皮带秤量值溯源难题的首选方案。本规范采用链码和料斗秤作为标准器对电子皮带秤进行在线校准的方法是目前业内普遍应用的方法。

本规范根据国内电子皮带秤的在线校准现状，参照 JJG 195《连续累计自动衡器（皮带秤）检定规程》进行制定，主要技术指标也参照执行。

1 范围

本规范适用于配备了标准链码或料斗秤的电子皮带秤的在线校准。

2 引用文件

下列文件对于本规范的应用是必不可少的。凡是注日期的引用文件，仅注日期的版本适用于本规范；凡是不注日期的引用文件，其最新版本适用于本规范。

JJG 195   连续累计自动衡器（皮带秤）检定规程

JJF 1001   通用计量术语及定义

JJF 1181   衡器计量名词术语及定义

3 术语

JJF 1001《通用计量术语及定义》和 JJF 1181《衡器计量名词术语及定义》给出的术语适用于本规范。

4 概述

4.1 电子皮带秤

电子皮带秤是在皮带输送机输送物料过程中同时进行物料连续自动称重的

一种计量设备，其称量过程是连续和自动进行的，通常不需要操作人员干预就可以完成称重操作。

4.1.1 用途

电子皮带秤主要用于煤炭等固体散装物料的称重计量。

4.1.2 工作原理

电子皮带秤称重桥架安装于输送机架上，当物料经过皮带时，计量托辊检测到物料质量并作用于称重传感器，产生一个正比于物料载荷的电压信号。由直接连在测速滚筒上的速度传感器，提供一系列脉冲，每个脉冲表示一个皮带运动单元，脉冲的频率正比于皮带速度。称重指示器从称重传感器和速度传感器接收信号，通过积分运算得出一个瞬时流量值和累积质量值，并分别显示出来。

4.1.3 结构

电子皮带秤由承载器、称重传感器、速度传感器、累计指示装置及控制系统等组成。

4.2 校准原理

4.2.1 物料校准

以料斗秤作为标准器，用同一批物料经电子皮带秤称重后，再由料斗秤进行称重，比较两者的质量，获得电子皮带秤的相对误差并对其进行校准。

4.2.2 链码校准

以标准链码作为标准器，把用以校准的链码放在皮带秤上进行称量，在规定的时间内用标准链码的称量与皮带秤累积量进行比对，获得电子皮带秤的相对误差并对其进行校准。

4.3 物料校准与链码校准适用性比较

物料校准与链码校准两种方法相比，物料校准使用料斗秤和标准砝码，量值溯源完整，且受环境影响小，也是 JJG 195《连续累计自动衡器（皮带秤）检定规程》所采用的方法，条件具备情况下推荐使用。使用链码校准时，链码可与皮带秤同步配备，推广性强，但实际应用中难以定期溯源，且粉尘环境或机械特性改变容易带来系统误差。

5　计量特性

5.1　准确度等级

电子皮带秤的准确度等级分为 0.2 级、0.5 级、1 级、2 级。

5.2　最大允许误差

最大允许误差以累计载荷质量的百分数表示（见表 1）。

表 1　最大允许误差

准确度等级	最大允许误差/%
0.2	±0.2
0.5	±0.5
1	±1.0
2	±2.0

6　校准条件

6.1　通用技术要求

6.1.1　大气环境条件一般满足：

环境温度：-20～50℃；相对湿度：<85%。

6.1.2　介质要求：煤料颗粒均匀、干燥、不黏皮带、可连续输送。

6.1.3　校准设备（标准器及配套设备）见表 2。

表2　标准器及配套设备

序号	设备名称	技术性能	用途
1	链码标定装置	砝码精度优于 M2 级；链码单位长度误差优于 0.05%，链码规格应满足输送皮带秤60%最大负荷	标准器
2	实物标定装置	误差不大于自动称量相应最大允许误差的 1/3，装载量至少保证皮带秤在25%负荷运行 2 整圈以上的输送量	标准器

6.2　基本要求

6.2.1　秤体检查

6.2.1.1　皮带秤应有铭牌，其上标明型号、名称、日期及出厂编号、制造厂名称等。

6.2.1.2　皮带秤应完好无损，紧固件不得有松动和损伤现象，可动部分应灵活可靠。

6.2.1.3　检查称重辊是否脱落在卡槽外，称重辊滚轴承是否垮掉，称重辊上有无杂物，活动框架是否动作自如。

6.2.1.4　检查皮带秤挡皮是否破损、是否有漏料情况，环形带内侧有无物料、有无损坏，皮带有无跑偏现象。

6.2.1.5　称重传感器有无明显变形、是否有异物卡住。

6.2.2　控制柜及仪表检查

6.2.2.1　控制柜接线端子应无松动，标记清晰。

6.2.2.2　控制仪表数字显示应清晰，不应有缺笔画现象。

6.2.2.3　应确保在皮带秤无运行时，测量结果无输出。

6.2.3　功能检查

仪表的各种示值方式和功能键能正常工作。

6.2.4　皮带秤参数检查

参照国家标准（或生产厂家的企业标准）、电子皮带秤说明书，对现场被校电子皮带秤的安装符合性进行确认，并对称重传感器、报警信息等进行检查，确认电子皮带秤运行正常。

6.2.5 报警信息检查

电子皮带秤应无故障报警。

6.2.6 检定/校准证书检查

电子皮带秤及料斗秤应有前次的检定/校准证书并在有效期内。

7 校准项目和校准方法

7.1 校准项目

校准项目为电子皮带秤在线计量性能的校准。

7.2 校准方法

7.2.1 零点校准

7.2.1.1 接通电子皮带秤的电源，"开机"预热并运行。将皮带秤置零并在皮带上标出校准开始的起始点，然后关闭自动置零装置。皮带秤空转至整数圈，持续时间尽量接近 3min。停止皮带转动，如果无法停止，则停止累计或记录累计值。分别记录开始和结束时的累计读数，以及过程中显示的最大和最小累计读数。要求皮带秤的示值误差（置零显示器显示的零点误差）不超过校准期间最大流量下累计载荷的百分数：0.2 级皮带秤为 0.02%；0.5 级皮带秤为 0.05%；1 级皮带秤为 0.1%；2 级皮带秤为 0.2%。

7.2.1.2 要求过程中累计读数与初始累计读数的偏差不超过最大流量下累计载荷的百分数：0.2 级皮带秤为 0.07%；0.5 级皮带秤为 0.18%；1 级皮带秤为 0.35%；2 级皮带秤为 0.7%。

7.2.1.3 如果皮带秤零点未通过，须重置零点并重复以上步骤，以获得符合要求的结果。

7.2.2 链码校准

7.2.2.1 校准方法

根据链码模拟实物进行皮带秤的校准，首先启动皮带，放置链码保证皮带与链码同步运行，根据皮带秤系统测得的皮带速度和设置的校准时间，皮带秤系统自动计算链码在校准时间内的瞬时量和累积量，再与皮带秤上显示的瞬时量和累积量进行比较，得出误差并校正皮带秤。

7.2.2.2 具体步骤

启动皮带机，使皮带机空载运行预热 20min，保证皮带表面清洁无杂物；落下链码，链码自动跟随皮带同步运行；在电子皮带秤控制面板上按下"间隔校准"键，校准开始，电子皮带秤控制面板自动显示瞬时量、累积量及剩余时间；完成设定的校准时间后，电子皮带秤系统自动记录链码（标准）和皮带秤的瞬时量和累积量，并将相对误差显示在电子皮带秤控制面板上。

7.2.2.3 相对误差按式（1）、式（2）计算。

$$q_1 = VTd \quad \cdots\cdots\cdots\cdots\cdots\cdots\cdots\cdots\cdots\cdots\cdots\cdots\cdots\cdots （1）$$

$$E = \frac{q - q_1}{q_1} \times 100\% \quad \cdots\cdots\cdots\cdots\cdots\cdots\cdots\cdots\cdots\cdots （2）$$

式中：

q_1 —— 标准链码累积量，g、kg、t；

V —— 皮带速度，m/s；

T —— 皮带运行时间，s；

d —— 单位长度链码质量，g/m、kg/m、t/m；

E —— 相对误差，%；

q —— 皮带秤累积量，g/m、kg/m、t/m。

7.2.2.4 若相对误差在允许范围内，在电子皮带秤控制面板上的"改变间隔"中选择"中止"，升起链码，投用皮带秤，并填写电子皮带秤校准报告（链码）（见附录 A）。

7.2.2.5 若相对误差超过允许误差，在电子皮带秤控制面板上的"改变间隔"

中选择"改变"，并重复 7.2.2.2 至 7.2.2.4 校准流程。

7.2.3 实物校准

采用同一批物料先经过电子皮带秤称量，再进入料斗秤称量，计算误差，并以料斗秤量为标准校正皮带秤。

7.2.3.1 校准前准备

调整作业流程，使经过电子皮带秤的物料可全部进入料斗秤。检查料斗秤秤体无倾斜、无异物附着，确认料斗内无料后调零。

7.2.3.2 校准步骤

用标准砝码先对料斗秤进行校准。启动皮带机空载运行预热 20min，先记录皮带秤校准前累积量，再将物料均匀放至皮带上进行称重；给料量应与正常运行一致，或者至少满足皮带秤满负载的 25%，至少保证皮带一满圈进料。待校准物料完全经过电子皮带秤并落入料斗秤后，皮带继续运行至满圈。再次记录电子皮带秤和料斗秤校准后的累积量。

7.2.3.3 相对误差按式（3）计算。

$$E = \frac{q - q_s}{q_s} \times 100\% \quad\cdots\cdots\cdots\cdots\cdots\cdots\cdots\cdots\cdots\cdots\cdots\cdots \quad （3）$$

式中：

E——相对误差，%；

q_s——料斗秤累积量，g、kg、t；

q——皮带秤累积量，g、kg、t。

7.2.3.4 若相对误差在允许范围内，填写电子皮带秤校准报告（料斗秤）（见附录 B），并投用电子皮带秤。

7.2.3.5 若相对误差超过允许误差，按式（4）对电子皮带秤间隔值进行修正，并重复 7.2.3.2 至 7.2.3.4 校准流程。

$$新间隔值 = \frac{q_s}{q} \times 原间隔值 \quad\cdots\cdots\cdots\cdots\cdots\cdots\cdots\cdots\cdots \quad （4）$$

式中：

q_s —— 料斗秤累积量，g、kg、t;

q —— 皮带秤累积量，g、kg、t。

7.3 安全注意事项

7.3.1 需要启动或停运仪表时，生产操作人员须现场确认满足安全条件。

7.3.2 皮带开动时，严禁调整秤框和测速滚筒。

7.3.3 现场校准人员必须正确穿戴劳保用品。

8 校准结果表达

出具校准数据并记录，记录表见附录 A 和附录 B。

9 复校时间间隔

推荐复校周期为一个月，使用单位可根据皮带秤的校准结果和生产工况的实际情况，合理确定复校时间间隔。

附录 A 电子皮带秤校准报告（链码）

设备名称：   校准时间：   年 月 日

一、校准煤量统计

校前皮带秤累积量/t	校后皮带秤累积量/t	累积量差值/t

二、零点校准

校准次数	旧零点值	新零点值	误差/%	允许误差/%
1				
2				
3				

三、链码校准

校准次数	旧间隔值	新间隔值	误差/%	允许误差/%
1				
2				
3				

备注：校前皮带秤累积量为开始校准时记录，校后皮带秤累积量为最后一次校准完成且没有其他工作后记录。

校准人：   审核人：

附录 B 电子皮带秤校准报告（料斗秤）

设备名称： 校准时间： 年 月 日

一、校准煤量统计

1.皮带秤

校前皮带秤累积量/t	校后皮带秤累积量/t	皮带秤累积量差值/t

2.料斗秤

校前料斗秤累积量/t	校后料斗秤累积量/t	料斗秤累积量差值/t

二、校准结果

误差值/t	相对误差/%	允许误差/%

备注：误差值 = 皮带秤累积量差值-料斗秤累积量差值；

相对误差 =（误差值/料斗秤累积量差值）×100%。

校准人： 审核人：

立式金属罐容量在线校准规范

1 范围 ··· 170

2 引用文件 ·· 170

3 校准原理 ·· 170

4 在线校准要求 ··· 171

   4.1 技术要求 ·· 171

   4.2 环境要求 ·· 171

   4.3 安全要求 ·· 171

5 校准 ·· 172

   5.1 校准设备 ·· 172

   5.2 光学垂准线法 ··· 173

   5.3 全站仪径向偏差法 ·· 176

   5.4 外浮顶金属罐在线校准法 ···································· 177

6 校准结果表达 ··· 180

7 复校时间间隔 ··· 180

附录 A 校准记录参考格式 ··· 181

附录 B 外浮顶金属罐在线罐底测量记录表 ·························· 182

附录 C 在线校准证书（内页）参考格式 ···························· 183

立式金属罐广泛应用于石油、化工液体介质存储，其容积量的准确性与计量数据、生产安全息息相关。根据目前石化企业连续生产的现状，对立式金属罐开展计量校准工作，验证容积量的准确度尤为重要。

本规范参照 JJG 168《立式金属罐容量检定规程》进行制定，并根据 JJF 1071《国家计量校准规范编写规则》，结合国内立式金属罐容量在线校准的现状编制，主要技术指标可参照执行。

本规范所用术语，除在本规范中专门定义的外，均采用 JJF 1001《通用计量术语及定义》和 JJF 1009《容量计量名词术语及定义》。

1 范围

本规范适用于立式金属罐在线校准，核查其测量准确度。

2 引用文件

下列文件对于本规范的应用是必不可少的。凡是注日期的引用文件，仅注日期的版本适用于本规范；凡是不注日期的引用文件，其最新版本适用于本规范。

GB/T 13235.1 石油和液体石油产品 立式圆筒形油罐容积标定 第 1 部分：围尺法

JJG 168 立式金属罐容量检定规程

JJF 1001 通用计量术语及定义

JJF 1009 容量计量术语及定义

JJF 1071 国家计量校准规范编写规则

3 校准原理

使用全站仪或钢卷尺等计量器具测量立式金属罐的几何尺寸，通过计算得到罐（在本规范中指立式金属罐）的容量表，也可用光学垂准线法、全站仪法测量各圈板的周长或半径。在线测量罐的板高、板厚及附件数据可参照空罐状态下测量记录或引用施工图纸数据，其底量可采用上一次周期的检测数据，并在校准证书上注明。

4 在线校准要求

4.1 技术要求

4.1.1 对罐测量一般应连续进行，如受干扰而中断可继续进行测量，但须满足：

a）测量时与中断前的液体平均温度差和气温差均应在 10℃ 以内。

b）罐内液面高度应与中断前基本保持一致。

c）如仪器和人员发生变化，应进行多点复核测量，以保证中断前、后测量结果的连续性。

d）中断前的测量记录必须完整清晰。

e）在测量过程中，立式金属罐应停止收发作业。

4.1.2 使用全站仪法时，仪器的架设应稳固牢靠。当现场测量条件为以下情况时，不能使用全站仪法进行校准作业：

a）罐壁无棱镜测距信号漫反射等条件不好（如罐壁表层挂油、罐壁为抛光不锈钢等强反光材质、罐壁表层附着有黑色强吸光介质、环境强光直射等），不能正常完成测距。

b）圈板测量时激光仰角大于 60°。

4.1.3 如罐体变形明显，应在记录中注明，画出变形部位草图，并增加测量点数。

4.2 环境要求

环境要求为非雨雪雾霾天气，风力不大于 4 级，相对湿度不大于 85%。

4.3 安全要求

4.3.1 在整个测量过程中，必须遵守相关安全规程，避免交叉作业。

4.3.2 在测量工作开始前及整个测量过程中，关闭所有进出油罐的阀门，且确认无泄漏。

4.3.3 使用的电器设备应符合防爆要求。

4.3.4 检查扶梯和罐顶的护栏及其他附着罐壁或罐顶的附件，确定其是否牢固，以保证人员和仪器的安全。

4.3.5 人员必须穿防静电工作服、防护鞋，佩戴手套和安全帽，必要时佩戴防毒面具和护目镜等防护用品。

4.3.6 在浮顶上部进行罐边部标高测量时，应同时用棉抹布清理标尺上的油污。

4.3.7 当高空作业人员使用吊架时，在安装后要检查滑轮、绳子等是否可靠。若要用脚手架，可采用钢管等材料进行搭接，并安装牢固。

4.3.8 在全过程测量作业中，有毒有害和可燃气体浓度应符合规定要求。

4.3.9 现场作业必须有固定点监护并有录制作业视频设备。

5 校准

5.1 校准设备

主要标准器和配套校准器技术要求见表1。

表1 主要标准器和配套标准器技术要求

设备名称	测量范围	技术指标	用途	适用
钢卷尺	0～100m; 0～200m	分度值 1mm	测量基圆周长，使用时需修正	光学垂准线法、全站仪径差法、外浮顶原油金属罐
测深钢卷尺	0～25m; 0～30m	分度值 1mm	测量检尺高度，使用时需修正	光学垂准线法、全站仪径差法、外浮顶原油金属罐
钢直尺	500～1000m	分度值 1mm	使用时进行修正	光学垂准线法、全站仪径差法、外浮顶原油金属罐
光学垂准仪	0.9～25m	分辨力 1mm，垂准单次测量最大允差优于±2mm	测量径向偏差	光学垂准线法、全站仪径差法、外浮顶原油金属罐
水准仪	0～100m	DSZ3 级及以上	测量标高	光学垂准线法、全站仪径差法、外浮顶原油金属罐
超声测厚仪	0～50mm	≤10mm±0.1mm ≥10mm±（0.1mm+1%L)	测量罐壁厚	光学垂准线法、全站仪径差法、外浮顶原油金属罐

表 1　主要标准器和配套标准器技术要求（续）

设备名称	测量范围	技术指标	用途	适用
拉力计	0～98N	最小分度值 1.96N	/	光学垂准线法、全站仪径差法、外浮顶原油金属罐
全站仪（防爆型）	1.7～80m	水平和垂直方向测量最大允差±2″；无棱镜测距最大允差±（2mm+2×10⁻⁶L）	防爆等级 Ex ib ⅡB T6	全站仪径差法、外浮顶原油金属罐
磁性表座	/	垂直吸力不小于 500N	测量基圆	光学垂准线法、全站仪径差法、外浮顶原油金属罐
三脚架	/	/	固定全站仪	全站仪径差法、外浮顶原油金属罐

5.2　光学垂准线法

光学垂准线法适用于立式非保温金属罐。光学垂准线法能够直接测量出各圈板与基圆的偏差量，得出各圈板直径，计算储罐的容量。其原理如图 1 所示。

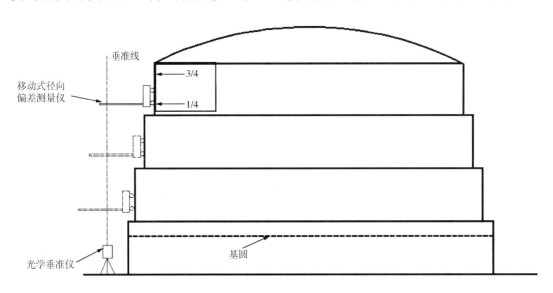

图 1　光学垂准线法示意图

5.2.1　基圆的测量

通过外围尺法测量，测量位置的选取分别为：

第一条在圈板板高的 1/4 处；第二条在圈板板高的 3/4 处。

如果不能在选定位置围尺，可以在靠近这一位置附近测量，但应远离焊缝。

按选定的围尺位置，在罐壁上用有色笔每隔 1.0～1.5m 画出水平标记作为围尺轨迹，并清除围尺轨迹上的有影响测量结果的杂物，以保证测量时钢卷尺贴紧罐壁。

在围尺轨迹上距离竖直焊缝或其他障碍物 300mm 外的地方，在罐壁上用钢针画出一条垂直于围尺轨迹的细线作为围尺起点竖线，将钢卷尺的零刻线与起点竖线重合，用磁性表座固定尺带。在距磁性表带不超过 3m 处使用夹尺器夹住尺带，并用拉力计给尺带施加与尺检定状态下相同的拉力，同时观察尺带零刻度与起点竖线是否发生位移。有位移时需增加磁性表座的数目，重新测量。无位移时即以此点作为围尺起点。

从围尺起点沿围尺轨迹按不超过 3m 的间隔，依次用夹尺器和拉力计沿罐壁的切线方向给尺带施加与尺检定状态下相同的拉力，用磁性表座固定尺带，一直到起点，读数估读到 0.5mm。在测量过程中尺带上沿要始终和围尺轨迹对齐。每次围尺过程完毕后，应检查尺带零刻线是否发生位移，如有位移需重新测量。

距离第一次围尺起点 300mm 以上建立新起点，按以上步骤进行第二次测量，两次测量结果不超过表 2 规定的允差。

表 2　基圆周长允差

基圆周长 C/m	允差/mm
$C \leqslant 100$	3
$100 < C \leqslant 200$	4
$C > 200$	6

如果两次测量结果超过规定的允差，需继续测量直到两次测量结果符合规定的允差，取两次测量的平均值为该位置的基圆周长。

5.2.2　各圈板径向偏差测量

水平测站的建立：根据罐体的变形情况，确定水平测站数，其总数应为偶数。当周长小于或等于 100m 时，相邻水平测量站的弧长不得超过 3m，最小测量点数不得少于 12 点；当周长大于 100m 时，相邻水平测站的弧长不得超过 4m，最小测量点数不得少于 36 点。水平测站应沿圆周方向均匀对称分布，在垂直方向上距任一竖直焊缝的距离不得小于 300mm，且不受障碍物影响，如受影响应适当调整水平测站点。

垂直测量点分别选在基圆圆周的轨迹上和各圈板高度的 1/4 和 3/4 处。

将光学垂准仪安装在第一个水平测站处，在罐顶部固定好滑轮。通过绳子悬挂好移动式径向偏差仪，调整滑轮位置，使其位于光学垂准仪的正上方。调节光学垂准仪的方向，使目镜中的十字丝横线与标尺刻度线平行，旋转调焦距旋钮使标尺刻度线清晰地呈现于目镜中，读取数值。

保持光学垂准仪静止不动，拽动拉绳使移动式径向偏差测量仪按垂直方向向上运动，停于各圈板位置垂直测量点上，逐一读取各圈板的移动式径向偏差测量仪标尺的读数。第一水平测站上的各垂直测量点逐一测量完成后，将整套测量设备移至下一水平测站点。按以上步骤逐一测量各水平测站点上全部垂直测量点的径向偏差，直至全部完成。

5.2.3 各圈板高度、总高及厚度测量

各圈板高度、总高测量：立式罐的焊接结构形式通常有搭接式、对接式、交互式和混合式四种。沿扶梯依次测得各圈板下水平焊缝中心到上水平焊缝中心的距离，应测两次取平均值，精确到 1mm，作为各圈板的外部板高。对有搭接的罐还应测量两圈板之间的搭接高度。各圈板高度测完之后，使用测深钢卷尺或激光测距仪测量罐圆筒部分的高度，作为罐的总高，并与各圈板高度之和相比较，若有差值，应对各圈板高度按总高进行修正。

各圈板厚度测量：用超声波测厚仪沿扶梯依次测得各圈板钢板厚度和油漆厚度。在同一圈板应测两次，精确到 0.1mm，取平均值作为该圈板的厚度。当厚度无法测量时，也可采用竣工图纸的数据。

5.2.4 参照高度测量

参照 JJG 168《立式金属罐容量检定规程》中 7.3.8.1 的要求测量参照高度。

5.2.5 底量测量

底量可采用上一次周期的数据，并在校准证书上注明。

5.2.6 其他附件测量

参照空罐状态下测量记录或施工图纸数据获取以下数据：罐内附件和浮顶质量。

5.3 全站仪径向偏差法

全站仪径向偏差法适用于立式非保温金属罐。通过电子测距得到各圈板与基圆的偏差量，得出各圈板直径，计量储罐的容量。其原理如图 2 所示。

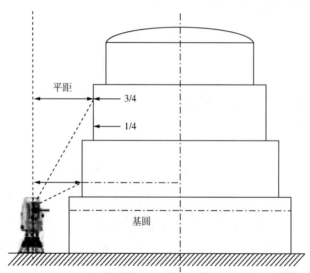

图2 全站仪径向偏差法（外测法）示意图

在架设全站仪后，完成仪器自校后进入测量状态。切准油罐的左右两侧，读取夹角，然后将仪器定位到 1/2 的夹角处，即为径向方向。瞄准各圈板的 1/4 和 3/4 位置，全站仪即可自动测出到各圈板的径向距离（平距），并与到基圆的平距进行比较，即可实现径向偏差法的测量要求。

5.3.1 基圆测量

采用围尺法测量基圆周长，详见 5.2.1。

5.3.2 径向偏差测量

当基圆周长小于等于 100m 时，相邻水平测站的弧长不得超过 3m，最小测量点数不得少于 12 点；当基圆周长大于 100m 时，相邻水平测站的弧长不得超过 4m，最小测量点数不得少于 36 点。水平测站应沿圆周方向均匀分布，在垂直方向上距任一竖直焊缝的距离不得小于 300mm，且不受障碍物影响，如受障碍物影响应适当调整水平测站点。

设置圈板模块。以各圈板水平焊缝中心为测量点，用全站仪激光点分别扫描各水平焊缝中心，直至罐壁顶部。相邻两水平焊缝距离为该圈板高度，各圈板高度相加为罐壁总高。

任意选取一水平测站点，作为第一组母线测量位置。以基圆罐壁为观测物，通过全站仪望远镜十字竖丝分别左切、右切基圆罐壁，自动定向。此时，望远镜指向立式罐圆心。

将激光点指向第一组母线与基圆交点，以确定基圆位置。依据上述设置的圈板高度，全站仪自动测量该母线上每圈板平距。

将全站仪移至下一水平测站点，重复"母线测量"步骤。

在全站仪径差法中，径向偏差是指在某一水平测站点基圆测量位置全站仪的平距与其他圈板测量位置至全站仪的平距之差（须考虑圈板厚度）。

计算可根据全站仪系统中的提示步骤进行。

5.3.3 各圈板高度、总高及厚度测量详见 5.2.3。

5.4 外浮顶金属罐在线校准法

5.4.1 工艺条件

a）将浮顶降到邻近起浮点处（确保浮顶立柱未着罐底，一般高于起浮高度 50～100mm）。

b）当进行内铺尺基圆周长和其他圈板直径的测量时，将浮顶立柱接触罐底。

5.4.2 参照高度测量

采用加重式量油尺或用套管式标高尺，从上计量口顺沿下尺槽至罐底，并确认接触下计量板，重复测量两次，测量值之差不大于 1mm，取第一次测量值作为参照高度。

5.4.3 罐底标高测量

罐底边部标高测量：在罐内浮顶上部，绕基圆圈板圆周均匀布置若干测量点，水准仪吸附于罐壁上或置于浮顶中央并调水平，将浮顶密封圈处撑开，把铜质或铝质标高尺（3m）插入浮顶密封圈的间隙处直接测量，读取罐底边部标高，并做好记录。其原理如图 3 所示。

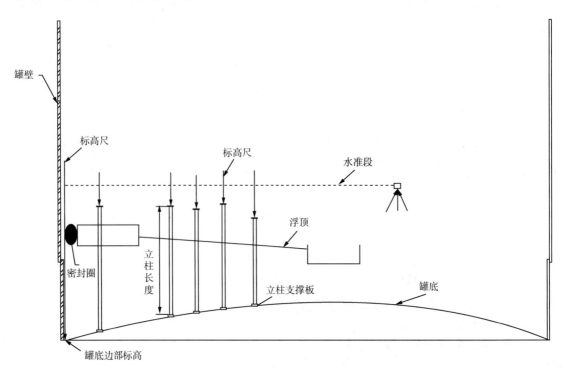

图3 在线测量示意图

罐底部标高测量：浮顶无需完全起浮（立柱接触罐底），在浮顶上部通过立柱顶部标高测量，并结合前期测得的立柱长度并加立柱垫板的厚度（在油罐检修清罐时，可以获取相关数据），即得罐底部标高，并做好记录。

5.4.4 基圆测量

5.4.4.1 非保温罐

按照 JJG 168《立式金属罐容量检定规程》7.3.2.1 中要求进行基圆测量。

5.4.4.2 保温罐

浮顶以下圈板的内径可参照上周期数据。

5.4.5 其他圈板直径的测量

在罐外（非保温罐）或罐内浮顶上部均可测量，当在罐内浮顶上部测量时，浮顶处于刚起浮状态或浮顶立柱触罐底，使用光学垂准仪，按 JJG 168《立式金属罐容量检定规程》中 7.3.2.2 b）1）进行测量；也可以采用防爆型全站仪，按 JJG 168《立式金属罐容量检定规程》中 7.3.2.2 b）1）进行测量。

5.4.6 罐体倾斜测量

当罐外测量时，按照 JJG 168《立式金属罐容量检定规程》中 7.3.6.1 的要求进行；当罐内测量时，因测量位置处于浮顶上部，应以便于测量的圈板画出标记点，并依此测出各点的标高。

5.4.7 罐体椭圆度测量

应以便于测量的圈板画出标记点，并参照 JJG 168《立式金属罐容量检定规程》中 7.3.7 的要求进行。

5.4.8 其他测量

参照空罐状态下测量记录或施工图纸数据获取以下数据：

a）罐内附件。

b）浮顶质量。

c）圈板高度和厚度。

6 校准结果表达

容量表的编制：容量表参照标准进行编制。

校准记录和校准证书格式见附录 A、附录 B、附录 C。

7 复校时间间隔

由于复校时间间隔的长短是由立式金属罐的使用状况及其测量介质性能等诸多因素决定，使用单位可根据立式金属储罐实际工况合理确定复校时间间隔。

附录A 校准记录参考格式

罐号： 送检单位： 日期： 单位：mm

圈板序号	径向偏差测量点			搭接高	钢板厚	第一圈板3/4处外周长	
	第一次	第二次	平均值				
1						第一次	
2						第二次	
3						平均	
4						周长焊缝修正值：	
5							
6						钢卷尺修正值：	
7							
8						径向偏差测量点数：	
9							
10						径向偏差测量点距：	
11							
备注：1.罐体设计容量：							
2.结构型式：							

测量： 记录：

附件 B 外浮顶金属罐在线罐底测量记录表

罐号：　　　　　　　　送检单位：　　　　　　　　日期：　　　　　　　　单位：mm

圆序号　　距离 平均半径	m_0	m_1	m_2	m_3	m_4	m_5	m_6	m_7	m_8	m_9
计量基准点标高=				计量基准点标高-边部标高平均值=						
r_1										
r_2										
r_3										
r_4										
r_5										
r_6										
r_7										
r_8										
r_9										
r_{10}										
r_{11}										
r_{12}										
r_{13}										
r_{14}										
r_{15}										
r_{16}										
r_{17}										
r_{18}										
r_{19}										
r_{20}										
r_{21}										
r_{22}										
r_{23}										
r_{24}										
r_{25}										
r_{26}										
r_{27}										
合计										
平均值										
环间差										
备注										

记录：　　　　　　　　计算：　　　　　　　　审核：

附录 C 在线校准证书（内页）参考格式

1.本单位出具的数据均可溯源至国家和国际计量基准

2.本次校准依据的技术文件

3.本次校准所使用的主要计量器具

名称	编号	型号规格或测量范围	准确度等级或 不确定度	证书编号 有效期

4.校准的环境条件

地点：_____

温度/℃：_____ 相对湿度/%：_____ 其他：_____

5. 其他说明

卧式金属罐容量在线校准规范

1 范围 ·· 186

2 引用文件 ·· 186

3 术语 ·· 187

4 概述 ·· 187

    4.1 卧式金属罐结构 ·· 187

    4.2 卧式金属罐用途 ·· 187

    4.3 卧式金属罐校准原理 ··· 188

5 计量性能要求 ··· 188

6 通用技术要求 ··· 188

    6.1 制造要求 ·· 188

    6.2 外观要求 ·· 188

    6.3 安装要求 ·· 188

    6.4 密封性要求 ··· 189

7 校准条件 ·· 189

    7.1 技术条件 ·· 189

    7.2 安全要求 ·· 189

    7.3 环境条件 ·· 189

8 校准规范 ·· 189

    8.1 校准标准器具 ·· 189

    8.2 几何测量法 ··· 190

8.3 三维激光扫描法 ·· 192

8.4 光电几何法 ·· 194

9 校准结果表达 ·· 197

10 复校时间间隔 ··· 197

附录 A 校准记录参考格式（几何测量法） ···················· 198

附录 B 校准记录参考格式（三维激光扫描法） ················ 200

附录 C 校准证书（内页）参考格式 ·························· 201

附录 D 卧式金属罐不确定度评定实例（几何测量法） ·········· 202

附录 E 不确定度评定实例（三维激光扫描法） ················ 205

卧式金属罐作为贸易计量和储存油品的计量器具，在石化企业，特别是在加油站应用较多。根据企业生产、经营现状很难实现清罐后检定/校准。

随着科技发展，人工智能卧式金属罐容量校准规范也日趋成熟，人工智能综合分析了油库发油数量、加油站油罐显示量和加油机销售量等数据，在对油品进行温度修正的前提下互相印证；同时结合了加油站日常损益量，采用专用软件多次迭代后生成一个更为准确的卧式金属罐容积表。

本规范参照 JJG 266《卧式金属罐容量检定规程》、JJG 140《铁路罐车容积检定规程》进行制定，并根据 JJF 1071《国家计量校准规范编写规则》，结合国内外卧式金属罐在线校准的现状编制，主要技术指标可参照执行。

本规范所用术语，除在本规范中专门定义的外，均采用 JJF 1001《通用计量术语及定义》和 JJF 1009《容量计量术语及定义》。

1 范围

本规范适用于卧式金属罐在线校准，核查其测量准确度。

2 引用文件

下列文件对于本规范的应用是必不可少的。凡是注日期的引用文件，仅注日期的版本适用于本规范；凡是不注日期的引用文件，其最新版本适用于本规范。

JJG 140　铁路罐车容积检定规程

JJG 266　卧式金属罐容量检定规程

JJF 1001　通用计量术语及定义

JJF 1009　容量计量术语及定义

JJF 1059　测量不确定度评定与表示

JJF 1071　国家计量校准规范编写规则

JJF 1719　铁路罐车和罐式集装箱容积三维激光扫描仪校准规范

3 术语

3.1 直圆筒部分

用钢板以对接式、搭接式或螺旋式焊接起来，截面呈圆或椭圆形的卧式金属罐体部分。

3.2 对接式卧式金属罐

直圆筒圈板间以对接形式焊接的卧式金属罐

3.3 搭接式卧式金属罐

直圆筒圈板间以搭接形式焊接的卧式金属罐

3.4 螺旋式卧式金属罐

直圆筒圈板间以螺旋形式焊接的卧式金属罐

3.5 检尺点内竖直径

从量油孔测量的直圆筒的竖向内直径。

3.6 参照高度

上下计量基准点之间的垂直距离，又称检尺点高度。

4 概述

4.1 卧式金属罐结构

是水平安装的圆筒形金属罐，由筒体、封头、计量口、人孔及其他附件组成。

4.2 卧式金属罐用途

是广泛应用于石油化工等行业中作为贸易计量和储存液体的计量器具。

4.3 卧式金属罐校准原理

4.3.1 几何测量法是通过测量卧式金属罐的几何尺寸，通过计算得到卧式金属罐的容量表。

4.3.2 三维激光扫描法是使用激光扫描仪扫描测量卧式金属罐罐体内壁得到点云，经计算求其容量的方法。

4.3.3 光电几何法是通过防爆卧式罐计量仪（本安设计，不需要清罐），对卧式金属罐内部空间点的位置和角度信息进行采集，通过对其三维实景信息处理，计算得到卧式金属罐的容积表。

5 计量性能要求

卧式金属罐容量测量结果的相对扩展不确定度 U_r：

几何测量法：$U_r \leqslant 4 \times 10^{-3}$（$k=2$）；

三维激光扫描法：$U_r \leqslant 3 \times 10^{-3}$（$k=2$）；

光电几何法：$U_r \leqslant 3 \times 10^{-3}$（$k=2$）。

6 通用技术要求

6.1 制造要求

卧式金属罐必须按照相关规范制造，其结构、外形、材料强度等均应符合规定要求。

罐体上应有永久性铭牌，其上标明规格型号、编号、制造厂、制造日期等内容。

6.2 外观要求

卧式金属罐封头和直圆筒体不应有明显的凹凸现象和变形。

6.3 安装要求

卧式金属罐应安装于坚固的地基上，呈水平状态。

6.4 密封性要求

卧式金属罐出油口应密封性好，各部件无渗漏。

7 校准条件

7.1 技术条件

校准应在无收发作业或不影响正常检定的情况下进行。

7.2 安全要求

7.2.1 在整个校准过程中必须遵守相关的安全及操作规范。

7.2.2 使用的电器设备应符合相应等级的防爆要求。

7.2.3 校准人员的防护穿戴及测量设备必须符合相关安全要求，避免产生静电与火花。

7.3 环境条件

校准应在无冷凝、无明显晃动、罐内无阳光直射的环境中进行；应确认其测爆、明火检测合格；应确认场地坚实平整。

8 校准规范

8.1 校准标准器具

主要计量标准器具见表1。

表1 主要计量标准器具

设备名称	测量范围	技术要求	备注
普通钢卷尺	0～20m	分度值 1mm	用于几何测量法
测深钢卷尺	0～5m	分度值 1mm	用于几何测量法、容量比较法

表 1　主要计量标准器具（续）

设备名称	测量范围	技术要求	备注
三维激光扫描仪	/	容量示值 MPE：±0.24%	用于三维激光扫描法
超声波测厚仪	0～50mm	当 1.2mm≤H<10mm 时，MPE：±0.1mm； 当 10mm≤H≤50mm 时，MPE：±（0.1mm+10$^{-2}H_0$）； H 为示值，H_0 为标准厚度块的标称值	用于几何测量法
钢直尺	0～300mm； 0～1000mm	MPE：±0.5mm	用于几何测量法
标高尺	0～3m	最小分度值 1mm	用于几何测量法
半径三角仪或半径规	跨度为 160mm、200mm、250mm、400mm	MPE：±1.0mm 分度值 0.1mm	用于几何测量法
水准仪	0.9m～∞	DSZ3 级	用于几何测量法
防爆计量仪	0～26m	MPE：±0.25%	用于光电几何法

8.2　几何测量法

几何测量法一般用于地面卧式金属罐的容量测量。

8.2.1　直圆筒外周长

a）测量位置：筒体是搭接或对接的罐的，测量位置为每一圈板长度的 1/4、3/4 处；筒体由整块钢板螺旋焊接的，测量位置为圆筒长的 1/8、3/8、5/8、7/8 处。

b）测量要求：重复测量两次，两次测量值之差不大于 1mm。

8.2.2　直圆筒外总长与外板宽

a）测量位置：

对接罐：直圆筒两端钢板边缘处焊缝上具有代表性的 4 个点。

搭接罐：两端顶板外伸长上与直圆筒壁相切的点，同一侧的两测点间连线应与直圆筒中轴线相平行。

b）测量要求：重复测量两次，两次测量值之差不大于 1mm，取两次的平均值作为整个长度。

8.2.3 顶板直圆筒部分长度

除平顶外，卧式金属罐的顶板均具有一小段直圆筒部分。该段直圆筒的圆筒体的伸长量测量步骤：

用长钢直尺在罐顶顺轴线方向紧贴罐身，用另一短钢直尺在顶板上左右移动至最窄处；

从长钢直尺上读取直圆筒钢板边缘到最窄点的距离，即为该处外伸长；

测量时，每端顶板测量部位不少于 4 个对称点，测量结果的平均值作为该端的顶板外伸长，取两端外伸长的平均值之和为总的外伸长。

8.2.4 顶板直圆筒部分外周长

用钢卷尺在顶板接近焊缝处测外周长。

测量方法：与 8.2.1 直圆筒外周长测量方法相同。

8.2.5 顶板外高

顶部外高即顶板外顶点至该端直圆筒横截面的距离。

顶点位置的确定：有标记时以标记为顶点；无标记时以顶板焊缝的交点为顶点；无焊缝时通过测量确定。

8.2.6 弧形顶附加测量

对弧形顶卧式金属罐，除了顶板内高测量外，还需要测量过渡曲线体内半径。测量时，应在两端沿圆周分 4 等份，取 4 个点进行测量，计量两端测量数据的平均值，也可采用设计值。

8.2.7 检尺点内竖直径

a）用测深钢卷尺测量检尺点包括计量口在内的总高度。

b）用钢直尺测量计量口检尺点到罐体上部的外高。

c）总高减去外高与计量口处的圈板厚度之和，即为检尺点内竖直径。

8.2.8　圈板厚度

使用超声波测厚仪,测量每一圈板及顶板的钢板、油漆以及所有涂层的厚度,每一钢板和油漆的厚度应记录精确到 0.1mm,也可采用设计值。

8.2.9　倾斜及检尺点到液面高端距离

a）倾斜的测量：在罐外壁的上部或下部的中央位置架设水准仪,并调平；测量两端圆筒边缘的标高值。

b）检尺点到液面高端距离的测量：通过倾斜测量,确定罐的倾斜情况,找到液面高端；使用钢卷尺测量计量口检尺点到切点的距离。

8.3　三维激光扫描法

三维激光扫描法用于地埋式卧式金属罐容量测量。

8.3.1　校准前准备

a）校准前确认可燃气体浓度符合安全规范要求。

b）标记检尺点

在检尺点上做标记,也可以将检尺点标靶铅垂放置于卧式金属罐检尺点上,标靶中心线应对准检尺点。

c）设置仪器参数

激活扫描仪自动水平补偿功能；设置扫描仪扫描参数,使扫描点数不少于100万点。

d）采用倒置方式安装扫描仪

采用倒置安装方式时,将扫描仪稳定倒置悬挂在架设于卧式金属罐人孔座上沿的三脚架上；扫描仪架设位置一般应处于人孔下沿 0.2m 处。

安装完成后,调整三脚架架设姿态,利用扫描仪自带的电子水准器观察扫描仪水平程度,使其处于自动水平补偿范围内。

8.3.2　实施扫描

对卧式金属罐罐体内表面进行三维扫描。

8.3.3 处理数据

用数据处理软件得出检尺点竖坐标，计量容量。

8.3.4 三维激光扫描法的罐体容量计算

a）罐体容量

对点云进行滤波，去除罐体内、外杂点，并将点云沿铅垂方向切分成 n 等份，每一等份都是足够薄（厚度不大于 10mm）的水平薄片。计算每个薄片的体积，累加得到罐体容量，见式（1）。

$$V = \sum_{i=1}^{n} V_i \quad\cdots\cdots\cdots\cdots\cdots\cdots\cdots\cdots\cdots\cdots\cdots \text{（1）}$$

式中：

V——罐体容量，L；

V_i——第 i 个水平薄片的体积，L；

n——水平薄片的数量。

b）水平薄片体积

第 i 个水平薄片的体积 V_i 按式（2）计算，其中 $\Delta h = h_G/n$（h_G 为点云中罐体最高点到最低点的铅垂距离，mm；n 为水平薄片的数量）。

$$V_i = \frac{1}{3}(S_i + S_{i+1} + \sqrt{S_i \times S_{i+1}}) \times \Delta h \quad\cdots\cdots\cdots\cdots\cdots \text{（2）}$$

式中：

S_i——第 i 个水平薄片的底面积，mm²；

S_{i+1}——第 $i+1$ 个水平薄片的底面积，mm²；

Δh——水平薄片的厚度，mm。

c）水平薄片的底面

点云的第 i 个水平薄片有 m 个点。将每个点向水平薄片底面投影，得到 m 个投影点 $C_1, C_2, C_3, \cdots C_{j+1}, C_{j+2}, \cdots, C_m$；连接点 C_1, C_2, C_3 得到三角形 ΔT_1；

连接点 C_1，C_3，C_4 得到三角形 ΔT_2；…；连接点 C_1，C_{j+1}，C_{j+2} 得到三角形 ΔT_j；…；连接点 C_1，C_{m-1}，C_m 得到三角形 ΔT_{m-2}，如图 1 所示。

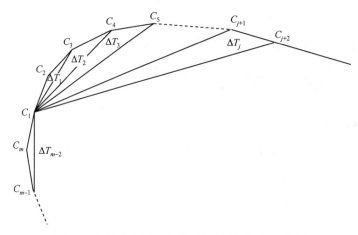

图 1　点云水平薄片底面积计算方法示意图

第 i 个水平薄片的底面积 S_i 按式（3）计算。

$$S_i = \sum_{j=1}^{m-2} \Delta S_j \quad\cdots\cdots\cdots\cdots\cdots\cdots\cdots\cdots\cdots\cdots\cdots（3）$$

式中：

ΔS_j——三角形 ΔT_j 的面积，mm^2。

对于三角形 ΔT_j，按式（4）计算其面积 ΔS_j，其中 $p_j = (a_j + b_j + c_j)/2$。

$$\Delta S_j = \sqrt{p_j(p_j - a_j)(p_j - b_j)(p_j - c_j)} \quad\cdots\cdots\cdots\cdots\cdots（4）$$

式中：

a_j，b_j，c_j——三角形 ΔT_j 的三条边长，mm。

8.4　光电几何法

8.4.1　数据采集

安装卧式罐防爆计量仪到人孔位置，将仪器调整到水平，对油罐内部进行整体扫描。

8.4.2 技术要点

通过防爆计量仪对油罐内部的空间点的信息进行采集，采集点的主要数据内容包括各信息点的空间位置信息和角度信息。

8.4.3 数据处理

通过计算机对数据进行处理，从而得到精确的油罐体积信息。具体步骤有：

a）数据管理

采用八叉树的数据结构管理数据。

建立线性八叉树结构需要解决的问题有：最小包围盒的确定；分割停止条件的确定；编码与码值的确定。

b）旋转轴计算

常见大容积储罐由柱体部分的圆柱和两端的堵头构成。堵头为一旋转面围成，常见的堵头有平顶、弧形顶、圆台顶、锥形顶、球缺顶及椭球顶等。整个罐体构成旋转体，因此获取其旋转轴具有重要意义。

c）形体拟合

可将油罐分为罐体部分和堵头部分，并分别进行拟合。

d）容积计算

计算不同构型的罐体在不同液面高度的容积，从而生成容积表。

e）变形改正

1）关于罐体变形的修正

①轴线方向变形处理

若变形分布在轴线方向，处理方式为根据实际获取的卧式罐数据图形，合理地将罐体分段，分段长度根据实际情况确定。然后各段分别进行拟合，最终根据长度加权平均得到最终的圆柱几何尺寸。

②垂直轴线方向的变形

若变形分布在轴线垂直的方向，这时对得到的整个圆柱部分（不分段）或者分别对各段圆柱数据（分段数据）进行椭圆柱拟合。在容积表计算时，按照椭圆柱的几何形状进行计算。

2）关于罐体倾斜的修正

倾斜改正分两种情况：

第一种：近端（量油孔端）低于远端，如图 2 所示。

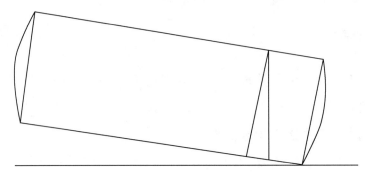

图 2　罐体倾斜第一种情况示意图

对于第一种情况，又可以分 4 段分别计算容积，如图 3 所示。

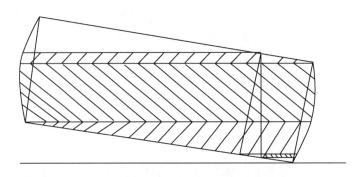

图 3　罐体倾斜第一种情况分段示意图

第二种：近端（量油孔端）高于远端，如图 4 所示。

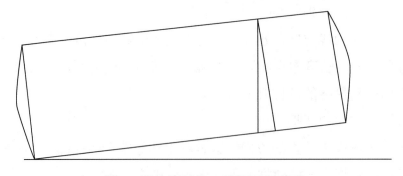

图 4　罐体倾斜第二种情况示意图

同理，对于第二种情况，又可以分 4 段分别计算容积，推导过程类似。

9 校准结果表达

校准记录见附录 A 和附录 B。

容量表的编制：通过卧式金属罐容量计算软件得出罐容量表。

校准证书内容：标题、校准机构名称、进行校准的地点、证书编号、客户名称和地址、被校对象的名称编号、校准日期、依据的规范、校准所用的计量标准信息、校准环境、校准结果及其测量不确定度、扫描仪使用参数、校准软件信息、签发人签名、校准结果仅对被校对象有效的声明、未经实验室书在批准不得部分复制证书的声明。

10 复校时间间隔

复校时间间隔建议不超过 4 年。

附录 A 校准记录参考格式（几何测量法）

委托单位			罐号			制造厂			
顶板类型	□弧形	□半椭球	□球缺	□平顶	圈板焊接类型	□对接	□搭接	□螺旋	□其他
标称容量			m³	校准人		核验		校准日期	

圆周长/mm	测量位置	顶板1	第一圈板	第二圈板	第三圈板	第四圈板	第五圈板	第六圈板	第七圈板	第八圈板	顶板2
		直圆筒									
	1										
	2										
	平均值										

圈板外宽长/mm	测量位置	顶板1	第一圈板	第二圈板	第三圈板	第四圈板	第五圈板	第六圈板	第七圈板	第八圈板	顶板2
	1										
	2										
	平均值										
	外总长	第1次		mm	第2次		mm	平均值		mm	

伸长值/mm	外伸长										

圈板厚度/mm	测量位置	顶板1	第一圈板	第二圈板	第三圈板	第四圈板	第五圈板	第六圈板	第七圈板	第八圈板	顶板2
	1										
	2										
	平均值										

表（续）

搭接宽度/mm	测量位置	顶板0，1	第1，2板	第2，3板	第3，4板	第4，5板	第5，6板	第6，7板	第7，8板	第8，9板	第9，2板
	1										
	2										
	平均值										

弧形顶过渡曲线体测量										其他测量	
	外弓高					外弦长					量油口外高	mm
左端	1	2	3	4	平均值	左端	1	2	3	4	平均值	参照总高	mm

											检尺点内竖直径	mm
右端	1	2	3	4	平均值	右端	1	2	3	4	平均值	环境温度	℃
倾斜测量	左端标高			mm		右端标高			mm		检尺点到液面高端距离		mm

附录 B 校准记录参考格式（三维激光扫描法）

送检单位			计量器具名称	顶板类型	圈板焊接类型
罐号	制造单位		外观	标称容积/m^3	校准依据
校准地点					
扫描文件名称	扫描参数	扫描仪安装方式	内总高	检尺点竖坐标	
		□倒置 □正置	$H_1=$	检尺点标靶竖坐标 $z_b=$	
			$H_2=$		
			修正值＝	检尺点标靶高度 $z_h=$	
			$H=$	$z_0=$	
附件体积/L：		附件起止高度：		罐体容量/L：	
三维激光扫描仪编号：		钢卷尺编号：	检尺点标靶编号：		
校准日期：		校准周期/月：			
校准依据：		校准报告编号：			
检测员：			记录：	核验员：	
备 注：					

附录 C 校准证书（内页）参考格式

C.1 检定结果

外观检查：

密封性检查：

总容量：

扩展不确定度：

测量方法：

C.2 说明

C.2.1 附容量表

C.2.2 本容量表所示为20℃时的容量，当罐壁温度为 t 时按式（C.1）计算容量 V_t。

$$V_t = V_{20}[1 + 2\alpha(t-20)] \cdots\cdots\cdots\cdots\cdots\cdots\cdots\cdots\cdots\cdots （C.1）$$

式中：

V_{20} —— 容量表表示值，m^3；

α —— 罐壁材料的线胀系数，对于低碳钢取 $\alpha=0.000012$（℃$^{-1}$）；

t —— 罐壁温度，℃。

C.2.3 罐壁温度 t 按式（C.2）计算。

$$t = (7t_y + t_q)/8 \cdots\cdots\cdots\cdots\cdots\cdots\cdots\cdots\cdots\cdots （C.2）$$

式中：

t_y —— 罐内液体温度，℃；

t_q —— 罐外四周空气温度的平均值，℃。

附录 D 卧式金属罐不确定度评定实例（几何测量法）

D.1 测量方法

采用几何测量法，即通过测量计量罐的有关几何尺寸，经计算求其容量。

D.2 数学模型

数学模型见式（D.1）。

$$V = \pi/4 D_1^2 \times L_1 \times 10^{-6} + \pi/4 h D_2^2 \times L_2 \times 10^{-6} + \pi/3 D_2^2 h \times 10^{-6} + V_{件} + V_t \cdots \cdots \text{（D.1）}$$

式中：

V——空罐状态下总容量，m^3；

D_1——直圆筒平均内直径，mm；

L_1——直圆筒内总长，mm；

D_2——两端顶板平均内直径，mm；

L_2——两端内、外伸长的总长度，mm；

h——两端顶板平均内高，mm；

$V_{件}$——附件体积，m^3；

V_t——温度变化对体积影响量，m^3。

D.3 计算合成相对不确定度

合成相对标准不确定度按式（D.2）计算。

$$
\begin{aligned}
(u_c(v)/v)^2 &= 2^2[u(D_1)/D_1]^2 + [u(L_1)/L_1]^2 + 2^2[u(D_2)/D_2]^2 + [u(L_2)/L_2]^2 \\
&\quad + 2^2[u(D_2)/D_2]^2 + [u(h)/h]^2 + [u(V_{件})/V_{件}]^2 + [u(V_t)/V_t]^2 \\
&= 2^2[u(D_1)/D_1]^2 + [u(L_1)/L_1]^2 + [u(L_2)/L_2]^2 + 2\times2^2[u(D_2)/D_2]^2 \\
&\quad + [u(h)/h]^2 + [u(V_{件})/V_{件}]^2 + [u(V_t)/V_t]^2
\end{aligned} \cdots \cdots \text{（D.2）}
$$

D.4 计算分量相对标准不确定度

D.4.1 大圆筒直径测量引起的相对标准不确定度分量

圆筒直径测量包括周长测量和钢板厚度测量。

用标准钢卷尺测量周长，其误差为±0.5mm，测量时的最大误差为±1.0mm，对直径引起的误差为1.5/π=0.48mm；

用超声波测厚仪测量钢板厚度，其测量最大误差为±0.1mm；

由以上两项之和得 ΔD_1=0.48+0.1=0.58mm，服从均匀分布 $u(D_1)$=0.58/$\sqrt{3}$=0.33mm；

按不同直径代入后计算 $u(D_1)/D_1$。

D.4.2 大圆筒长度测量引起的相对标准不确定度分量

用标准钢卷尺测量大圆筒长度，其误差为±0.5mm，测量时的最大误差为±1.0mm；

得到 ΔL_1=0.5+1=1.5mm，服从均匀分布 $u(L_1)$=1.5/$\sqrt{3}$=0.87mm；

按不同大圆筒长度代入后计算 $u(L_1)/L_1$。

D.4.3 两端伸长部分直径测量引起的相对标准不确定度分量

测量引起的误差同 D.4.1，$u(D_2)$=0.58/$\sqrt{3}$=0.33mm；

按不同直径代入后计算 $u(D_2)/D_2$。

D.4.4 两端伸长部分长度测量引起的相对标准不确定度分量

由试验得知 $u(L_2)$=0.08；

按不同长度代入后计算 $u(L_2)/L_2$。

D.4.5 两端顶板内高测量引起的相对标准不确定度分量

由试验分析得知 $u(h)$=0.08；

按不同内高代入后计算 $u(h)/h$。

D.4.6 附件体积的测量引起的相对标准不确定分量

罐内附件体积测量用几何测量法，实测附件的体积，测量相对误差不大于 1.0×10^{-3}，一般油罐内附件体积与罐总容量之比小于 2.0×10^{-3}，

所以 $u(\Delta V_{件})/V=1.0\times10^{-3}\times2.0\times10^{-3}=3.0\times10^{-6}$，

忽略不计。

D.4.7 温度的测量引起的相对标准不确定度分量

测量温度用全浸式温度计，其最大误差为 $\pm0.1℃$，

所以 $u(\Delta V_t)/V=\beta\times\Delta t=2.4\times10^{-6}\times0.1=2.4\times10^{-7}$，

可以忽略不计。

D.5 计算扩展不确定度

按照 JJF 1059《测量不确定度评定与表示》的规定，取包含因子 $k=2$，置信概率 95% 的扩展不确定度 U_{95}，$U_{95}=ku_c$。

D.6 卧式金属罐不确定度一览表

卧式金属罐不确定度一览表见表 D.1。

表 D.1 卧式金属罐不确定度一览表

标称容量/ m³	大圆筒直径/m	大圆筒总长/m	筒伸长长度/m	顶板高度/ m	合成相对标准不确定度（$u_c(x_i)/x$）	扩展不确定度 $U_{95}=ku_c$
10	2.0	2.5	0.08	0.5	1.2×10^{-3}	2.4×10^{-3}
15	2.0	4.5	0.08	0.5	1.2×10^{-3}	2.3×10^{-3}
20	2.2	4.6	0.08	0.5	1.2×10^{-3}	2.3×10^{-3}
30	2.8	4.2	0.08	0.5	1.1×10^{-3}	2.2×10^{-3}
40	2.8	5.8	0.10	0.5	9×10^{-4}	1.9×10^{-3}
50	3.0	6.5	0.10	0.5	9×10^{-4}	1.8×10^{-3}
60	3.0	7.8	0.10	0.5	9×10^{-4}	1.8×10^{-3}
100	3.2	11.6	0.10	0.6	8×10^{-4}	1.8×10^{-3}

附录 E 不确定度评定实例（三维激光扫描法）

E.1 测量模型

测量模型见式（E.1）。

$$V = V_{3D} \quad\cdots\cdots\cdots\cdots\cdots\cdots\cdots\cdots\cdots \text{（E.1）}$$

式中：

V——容量，m^3；

V_{3D}——三维激光扫描仪检定容量参考值，m^3。

E.2 不确定度分量的分析评定

根据测量模型分析，可知主要有两个不确定度来源，即重复性和上一级标准器引入的标准不确定度分量，分析评定如下。

E.2.1 重复性引入的标准不确定度分量 u_1

使用三维激光扫描仪重复测量容量 $35m^3$ 10 次，取液位为 1620.9mm，测量结果见表 E.1。

表 E.1 三维激光扫描法重复性测量结果

序号	1	2	3	4	5	6	7	8	9	10
测量结果/L	30086	30086	30089	30089	30078	30076	30078	30080	30080	30084

测量结果平均值按式（E.2）计算。

$$\bar{V} = \frac{1}{n}\sum_{i=1}^{n}V_i = 30082.6\text{L} \quad\cdots\cdots\cdots\cdots\cdots\cdots \text{（E.2）}$$

式中：

$\bar{V}$——n 个测量结果平均值；

V_i——第 i 次测量结果。

试验标准偏差按式（E.2）计算。

$$s(V_i) = \sqrt{\frac{\sum_{i=1}^{n}(V_i - \overline{V})^2}{n-1}} = 4.79\text{L} \quad\cdots\cdots\cdots\cdots\cdots\cdots \text{（E.3）}$$

式中：

s —— 试验标准偏差。

对应容量取 30076L，得出重复性引入的标准不确定度分量，见式（E.4）。

$$u_1 = \frac{4.79\text{L}}{30076\text{L}} = 0.16 \times 10^{-3} \quad\cdots\cdots\cdots\cdots\cdots\cdots \text{（E.4）}$$

E.2.2 上一级标准器引入的标准不确定度分量 u_2

三维激光扫描仪的最大允许误差的绝对值 MPEV 为 2.4×10^{-3}。

按照均匀分布（$k = \sqrt{3}$）计算标准器引入的标准不确定度分量，见式（E.5）。

$$u_2 = \frac{2.4 \times 10^{-3}}{\sqrt{3}} = 1.39 \times 10^{-3} \quad\cdots\cdots\cdots\cdots\cdots\cdots \text{（E.5）}$$

E.3 合成标准不确定度 u_C

合成标准不确定度按式（E.6）计算。

$$u_C = \sqrt{u_1^2 + u_2^2} = 1.40 \times 10^{-3} \quad\cdots\cdots\cdots\cdots\cdots\cdots \text{（E.6）}$$

E.4 扩展不确定度 U_r

扩展不确定度按式（E.7）计算，取包含因子 $k=2$。

$$U_r = u_C \times k = 1.40 \times 10^{-3} \times 2 = 2.8 \times 10^{-3} \quad\cdots\cdots\cdots\cdots \text{（E.7）}$$

故采用三维激光扫描法校准容量的扩展不确定度为 2.8×10^{-3}，小于计量性能要求的不确定度 $U_r = 3 \times 10^{-3}$。

流量积算单元在线校准规范

1 范围 ·· 209

2 引用文件 ·· 209

3 术语 ·· 209

4 概述 ·· 210

   4.1 工作原理 ·· 210

   4.2 结构 ·· 210

   4.3 流量信号输入形式 ·· 210

   4.4 配套仪表信号输入形式 ·· 211

5 计量性能要求 ·· 211

6 校准条件 ·· 211

   6.1 主要校准设备 ·· 211

   6.2 附属设备 ·· 212

   6.3 校准环境条件 ·· 213

7 校准项目与校准方法 ·· 213

   7.1 校准项目 ·· 213

   7.2 校准方法 ·· 213

8 校准结果 ·· 218

9 校准间隔 ·· 218

附录 A　校准记录参考格式 ···219

附录 B　校准证书（内页）参考格式 ···································222

本规范以 GB/T 13639《工业过程测量和控制系统用模拟输入数字式指示仪表》、GB/T 2624《用安装在圆形截面管道中的差压装置测量满管流体流量》等标准为技术依据，结合我国工业企业流量积算单元（包括流量积算仪、流量计算机、DCS、PLC 等流量计算显示设备）的使用和校准情况，参照 JJG 1003—2016《流量积算仪检定规程》进行制定。

1 范围

本规范适用于流量积算单元（包括流量积算仪、流量计算机、DCS、PLC 等流量计算显示设备，以下简称积算单元）的在线与实验室校准。

具备流量计算功能的其他流量计算装置也可参照本规范校准。

2 引用文件

下列文件对于本规范的应用是必不可少的。凡是注日期的引用文件，仅注日期的版本适用于本规范；凡是不注明日期的引用文件，其最新版本适用于本规范。

GB/T 2624　用安装在圆形截面管道中的差压装置测量满管流体流量

GB/T 6587—2012　电子测量仪器通用规范

GB/T 13639　工业过程测量和控制系统用模拟输入数字式指示仪表

GB/T 32224—2015　热量表

JJG 1003—2016　流量积算仪检定规程

JJG 1055—2009　在线气相色谱仪检定规程

JJF 1004　流量计量名词术语及定义

3 术语

3.1 流量积算单元

通过采集与流量相关的传感器信号，用相关的数学模型计算出流量（能量）

的装置。通常又称为流量积算仪、流量显示仪、流量计算机等。与其配套的传感器通常有标准节流装置、涡轮、涡街、电磁、超声流量传感器或变送器等，及补偿用的压力变送器、差压变送器、温度变送器、组分分析仪等。

3.2 断电保护

流量积算单元在供电电源断电期间，流量积算单元内设参数及累积流量等数据能够可靠保存起来的功能。

3.3 采样周期

相邻两次采样之间的时间间隔。

3.4 小信号切除

流量积算单元为克服干扰、变送器或传感器的零漂影响或为保证流量计系统正常运行而设置的功能。低于特定流量值时仪表按零值处理，高于此值时仪表正常运行。

4 概述

4.1 工作原理

通过对与之配套的流量变送器、流量传感器和其他变送器（温度、压力等）输出模拟信号、脉冲信号或者数字信号的采集，用相关的数学模型计算出瞬时流量、累积流量等，并进行显示、储存和传送。

4.2 结构

流量积算单元主要由中央处理单元、输入输出单元、显示单元和操作按钮等组成。输入输出单元包含流量传感器信号输入，温度、压力等补偿信号输入，流量等信号输出等。

4.3 流量信号输入形式

流量积算单元的输入信号一般有模拟信号、脉冲信号、数字信号三种形式，也可使用说明书中给出的其他信号形式。

模拟信号：电流：DC 4～20mA 或 DC 0～10mA。

电压：DC 1～5V 或 DC 0～5V。

脉冲信号：电流脉冲、电压脉冲，其频率通常在 10kHz 以下。

4.4 配套仪表信号输入形式

模拟信号：电流：DC 4～20mA 或 DC 0～10mA。

电压：DC 1～5V 或 DC 0～5V。

数字信号和通讯协议：HART 协议（采用基于 Bell 202 标准的 FSK 频移键控信号，在 4～20mA 信号上叠加幅度为 0.5mA 的数字音频信号，波特率为 1200bps）、Modbus 协议（包含 Modbus 串行链路基于 TIA/EIA 标准：232-E 和 485-A；Modbus TCP/IP 基于 IETF 标准：RFC793 和 RFC791）、Profibus 协议（基于 EN 50170 标准，波特率为 9.6kbps～12Mbps）等。

5 计量性能要求

流量积算单元根据主示值最大允许误差限划分准确度等级，见表1。主示值为瞬时流量、累积流量、累积能量（热量）中的一个或几个示值。

表 1 准确度等级与最大允许误差

准确度等级	0.1	0.2	0.5	1.0
主示值最大允许误差/%	±0.1	±0.2	±0.5	±1.0

除主示值以外的其他示值及辅助参数测量值最大允许误差以使用说明书中规定为准。

6 校准条件

6.1 主要校准设备

6.1.1 标准电流表

最大允许误差小于被检积算单元最大允许误差的 1/5。

6.1.2 标准电压表

最大允许误差小于被检积算单元最大允许误差的 1/5。

6.1.3 通用计数器

计数范围：0～99999；分辨力：1 个字。

6.1.4 标准电阻箱

最大允许误差小于被检积算单元最大允许误差的 1/5。

6.1.5 计时器

分辨力优于 0.01s。

6.1.6 频率信号发生器

频率范围：0～10kHz，最大允许误差：$\pm 1 \times 10^{-5}$。

6.2 附属设备

6.2.1 直流信号源

可输出三路 DC 0～20mA 或 DC 0～5V 连续可调信号，稳定度：0.05%/2h。

6.2.2 毫伏发生器

输出范围：DC 0～50mV，最大允许误差：$\pm 1 \times 10^{-4}$。

6.2.3 电阻箱

量程：0～9999.99Ω，分辨力优于 1.0 级。

6.3　校准环境条件

校准温度：20℃±5℃或与实际使用环境温度相同；

校准相对湿度：45%～75%或与实际使用环境湿度相同；

交流电源：220V±22V；

频率：50Hz±1Hz。

除地磁场外的其他外界磁场、机械振动等干扰应小到对积算单元的影响可忽略不计。

7　校准项目与校准方法

7.1　校准项目

流量积算单元的校准项目列于表 2 中。

表 2　流量积算单元的校准项目

序号	校准项目	在线校准	实验室校准
1	外观及功能检查	－	－
2	主示值误差	＋	＋

注："＋"表示应检测，"－"表示可不检测。

7.2　校准方法

7.2.1　外观检查

用目测的方法检查铭牌和外观，应符合 JJG 1003—2016《流量积算仪检定规程》5.1.2、5.1.3、5.1.4、5.1.5 的要求。

用于贸易结算用的流量积算单元，还应符合 JJG 1003—2016《流量积算仪检定规程》5.2 的要求。

7.2.2　示值误差的校准

在确认被校准流量积算单元中的设置参数后，按图 1 连接好线。通常被校准流量积算单元需通电预热 10min，如产品说明书对预热时间另有规定，则按说明书规定的时间预热。

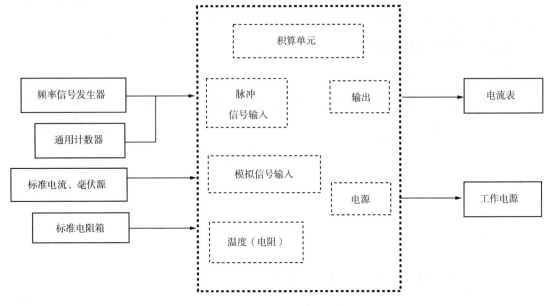

图 1   流量积算单元校准接线示意图

7.2.2.1   瞬时流量

7.2.2.1.1   流量计算模型+采集通道

a）试验点取在流量传感器（或变送器）流量范围对应的输入信号的量程的 0.1 倍、0.25 倍、0.5 倍、0.75 倍、1 倍量限附近；具有压力、温度补偿功能的以上校准点是在设计状态下，另外应在压力不变，温度在设计范围内任取两点，流量为最大；温度不变，压力在设计范围内任取两点，流量为最大情况下分别进行校准。

b）按选取校准点，流量积算单元做一次测量。

c）按式（1）计算每个流量点的误差 E_i，应满足表 1 中对流量积算单元误差限的要求。

$$E_i = \frac{q_i - q_{si}}{q_{si}} \times 100\% \quad\cdots\cdots\cdots\cdots\cdots\cdots\cdots（1）$$

式中：

q_i —— 该流量校准点的流量积算单元示值;

q_{si} —— 该流量校准点的流量的理论计算值。

注:q_{si} 应根据使用流量计的型式及被测介质在校准点的操作条件,依据该种流量计国家有关标准和计量检定规程进行计算(或使用通过法定计量检定单位认证的计算软件进行计算)。介质物性值计算应符合 JJG 1003—2016《流量积算仪检定规程》中附录 A.2 规定。

7.2.2.1.2 流量计算模型

对于 DCS、PLC 等系统内嵌入的流量积算单元等可按下述方法进行模型校准。

在确认被校准流量积算单元中的设置参数后,记录流量积算单元显示的瞬时流量值及同一时刻的流量信号与工况温度、压力值,用流量信号与工况温度、压力值依据相关标准计算瞬时流量的标准值,按式(1)计算误差 E_i,应满足表 1 中对积算单元误差限的要求。

流量计算模型误差的校准检测试验点应不少于 9 个。

在流量、温度及压力可调节的情况下,建议检测试验点尽可能满足:试验点取流量传感器(或变送器)流量范围对应的输入信号的量程的 0.1 倍、0.25 倍、0.5 倍、0.75 倍、1.0 倍量限附近;具有压力、温度补偿功能的以上校准点是在设计状态下,另外应在压力不变,温度在设计范围内任取两点,流量为最大;温度不变,压力在设计范围内任取两点,流量为最大情况下分别进行校准。

7.2.2.2 累积流量

累积流量校准应在设计工作状态下进行。校准分辨力引入的不确定度应优于最大允许误差的 1/10,校准时间一般不短于 10min,应满足表 1 中对流量积算单元误差限的要求。累积流量误差 E_Q 按式(2)计算。

$$E_Q = \frac{Q_i - Q_{si}}{Q_{si}} \times 100\% \cdots\cdots\cdots\cdots\cdots\cdots (2)$$

式中:

Q_i —— 流量积算单元累积流量示值;

Q_{si} —— 流量积算单元累积流量理论计算值。

7.2.2.3　累积能量（累积热量）

累积能量（累积热量）校准应在设计工作状态下进行。校准分辨力引入的不确定度应优于最大允许误差的 1/10，校准时间一般不短于 10min，应满足表 1 中对流量积算单元误差限的要求。累积能量（累积热量）误差 E_w 按式（3）计算。

$$E_w = \frac{W_i - W_{si}}{W_{si}} \times 100\% \quad\cdots\cdots\cdots\cdots\cdots\cdots\cdots\cdots\text{（3）}$$

式中：

W_i —— 流量积算单元累积能量（累积热量）示值；

W_{si} —— 流量积算单元累积能量（累积热量）理论计算值。

注 1：W_{si} 的计算见 GB/T 32224—2015《热量表》。

注 2：如积算单元不具备该功能，此项可不进行校准。

7.2.2.4　补偿参量显示值

a）试验点取 $0.1A_{max}$、$0.25A_{max}$、$0.5A_{max}$、$0.75A_{max}$、A_{max}。

注 1：A_{max} 为模拟输入信号的上限值。

注 2：对于温度信号采用热电阻和热电偶的，A_{max} 取设计任务书温度上限。

b）按选取点，积算单元做一次测量。

c）按式（4）计算每个校准点误差 E_{Ai}，应满足使用说明书中对积算单元误差限的要求。

$$E_{Ai} = \frac{A_i - A_{si}}{A_{max}} \times 100\% \quad\cdots\cdots\cdots\cdots\cdots\cdots\cdots\text{（4）}$$

式中：

A_i —— 校准点积算单元示值；

A_{si} —— 校准点输入信号对应的理论计算值；

A_{max} —— 输入信号对应的理论计算的最大值。

7.2.2.5　输出电流

a）试验点取在 $0.2q_{max}$、$0.4q_{max}$、$0.6q_{max}$、$0.8q_{max}$、q_{max} 附近。

b）按选取校准点，积算单元做一次测量。

c）普通流量积算单元按式（5）、用于贸易结算的流量积算单元按式（6）计算每个校准点误差 E_{si}，应满足表 1 中对积算单元误差限的要求。

$$E_{si} = \frac{I_i - I_{si}}{I_{max} - I_0} \times 100\% \quad\cdots\cdots\cdots\cdots\cdots\cdots\cdots\cdots\cdots\cdots\quad (5)$$

$$E_{si} = \frac{I_i - I_{si}}{I_{si}} \times 100\% \quad\cdots\cdots\cdots\cdots\cdots\cdots\cdots\cdots\cdots\cdots\quad (6)$$

式中：

I_i —— 校准点输出电流值；

I_{si} —— 校准点流量理论计算对应的电流值；

I_{max} —— 最大流量理论计算对应的电流值；

I_0 —— 流量零点对应的电流值。

7.2.2.6 定量控制

a）试验点取在 $0.2q_{max}$、$0.5q_{max}$、q_{max} 附近。

b）按选取校准点，积算单元做一次测量。

c）按式（7）计算每个校准点误差 E_{si}，应满足表 1 中对积算单元误差限的要求。

$$E_{si} = \frac{S_i - S_{si}}{S_{si}} \times 100\% \quad\cdots\cdots\cdots\cdots\cdots\cdots\cdots\cdots\cdots\cdots\quad (7)$$

式中：

S_{si} —— 校准点起控制作用的总量理论计算值；

S_i —— 设定值。

7.2.3 小信号切除

接线及校准方法同图 1。在切除点附近由低到高缓慢改变输入信号，直至流量积算单元有对应参数显示，然后缓慢减少输入信号，流量积算单元有对应参数显示突然降为零，此时流量值为切除点，其数据应符合 3.4 的要求。

8　校准结果

按照本规范给出校准结果，开具相应的校准证书。

9　校准间隔

校准间隔一般不超过 1 年。复校时，应提供校准周期内所有期间核查的试验记录。

附录 A 校准记录参考格式

（一）数据记录

测量介质：＿＿＿＿＿＿＿＿流量范围或仪表系数：＿＿＿＿＿＿＿

气体组分（或其他气质参数）：

气体名称				
组分/%				

其他气质参数：＿＿＿＿＿＿＿＿

注：测量介质为天然气或者煤气才填写以上表格。

配套仪表情况：

仪表名称	量程范围	输出信号类型	输出信号范围	准确度等级

（二）校准记录

1.外观检查：＿＿＿＿＿＿＿＿＿＿＿＿＿＿＿＿

2.示值误差

2.1 瞬时流量

2.1.1 计算模型+采集通道

流量信号/ （　）	补偿信号 1/ （　）	补偿信号 2/ （　）	标准值/ （　）	仪表显示值/ （　）	误差/ %

2.1.2 流量计算模型

流量信号/ （Pa 或 Hz 或 mA）	补偿温度/ ℃	补偿压力/ MPa	标准值/ （　　）	仪表显示值/ （　　）	误差/ %

2.2 累积流量

输入信号/ （　　）	积算时间/ （　　）	积算标准值/ （　　）	仪表显示值/（　　）			误差/ %
			初始值	终止值	差值	

2.3 累积能量（累积热量）

输入信号/ （　　）	温度 1/ （　　）	温度 2/ （　　）	积算时间/ （　　）	积算标准值/ （　　）	仪表显示值/（　　）			误差/ %
					初始值	终止值	差值	

2.4 补偿参量显示值

试验点		零点	$0.25A_{max}$	$0.5A_{max}$	$0.75A_{max}$	A_{max}
第一通道	理论计算值					
	实测值					
	误差/%					
第二通道	理论计算值					
	实测值					
	误差/%					
第三通道	理论计算值					
	实测值					
	误差/%					

2.5 输出信号检测

试验点	$0.2q_{max}$	$0.4q_{max}$	$0.6q_{max}$	$0.8q_{max}$	q_{max}
理论值					
输出信号/（　）1					
2					
误差/%					

2.6 定量控制（仅适用于带模拟输出功能的积算单元）

试验点	$0.2q_{max}$	$0.5q_{max}$	q_{max}
理论值			
实测值 1			
2			
误差/%			

3 小信号切除：＿＿＿＿＿＿＿＿＿＿＿

附录 B　校准证书（内页）参考格式

1　设定介质：＿＿＿＿＿＿＿

2　设定流量范围：＿＿＿＿＿＿＿

3　配套仪表

仪表名称	量程范围	输出信号类型	输出信号范围	准确度等级

4　校准内容与结果

4.1　外观检查：＿＿＿＿＿＿＿＿＿＿＿＿＿

4.2　示值误差

4.2.1　瞬时流量

4.2.1.1　计算模型+采集通道

流量信号/ （　）	补偿信号1/ （　）	补偿信号2/ （　）	标准值/ （　）	仪表显示值/ （　）	误差/ %

4.2.1.2 流量计算模型

流量信号/ （Pa 或 Hz 或 mA）	补偿温度/ ℃	补偿压力/ MPa	标准值/ （　　）	仪表显示值/ （　　）	误差/ %

4.2.2 累积流量

输入信号/ （　　）	积算时间/ （　　）	积算标准值/ （　　）	仪表显示值/（　　）			误差/ %
			初始值	终止值	差值	

4.2.3 累积能量（累积热量）

输入信号/ （　　）	温度1/ （　　）	温度2/ （　　）	积算时间/ （　　）	积算标准值/ （　　）	仪表显示值/（　　）			误差/ %
					初始值	终止值	差值	

4.2.4 补偿参量显示值

试验点		零点	$0.25A_{max}$	$0.5A_{max}$	$0.75A_{max}$	A_{max}
第一通道	理论计算值					
	实测值					
	误差/%					
第二通道	理论计算值					
	实测值					
	误差/%					
第三通道	理论计算值					
	实测值					
	误差/%					

4.2.5 输出信号检测

试验点		$0.2q_{max}$	$0.4q_{max}$	$0.6q_{max}$	$0.8q_{max}$	q_{max}
理论值						
输出信号/ （ ）	1					
	2					
误差/%						

4.2.6 定量控制（仅适用于带模拟输出功能的积算单元）

试验点		$0.2q_{max}$	$0.5q_{max}$	q_{max}
理论值				
实测值	1			
	2			
误差/%				

5　小信号切除：_____

6　检定时仪表内部设定参数（组分）：_____

注1：如配套节流装置，请注明设计工况。

注2：如配套涡轮、涡街等输出频率信号类的流量计，应注明检定时仪表系数。

注3：当检定天然气贸易计算用流量积算仪（计算机）等仪表时，应注明气质组分或物性值等参数。

储罐自动计量仪在线校准规范

1 范围 ·· 227

2 引用文件 ·· 227

3 术语 ·· 227

4 概述 ·· 228

  4.1 储罐自动计量仪工作原理 ····················· 228

  4.2 在线校准的特点 ······························· 228

5 计量特性 ·· 229

  5.1 最大允许误差 ································· 229

  5.2 重复性 ······································· 229

6 校准条件 ·· 229

  6.1 环境条件 ····································· 229

  6.2 标准器及要求 ································· 229

  6.3 安全注意事项 ································· 230

7 校准项目和校准方法 ····································· 230

  7.1 校准项目 ····································· 230

  7.2 校准方法 ····································· 230

8 校准结果计算 ·· 234

9 重复性计算 ·· 234

10 校准结果表达 ··· 235

11　复校时间间隔 ··· 235

附录 A　在线校准原始数据记录表 ······························· 236

附录 B　校准证书（内页）参考格式 ····························· 237

储罐自动计量仪是以伺服液位计和温度、密度传感器为主要测量部件为一体，且安装在储罐顶部，实现储罐内液位、温度、密度、水高等参数测量，并进行自动罐量计算的自动化设备。为了实现贸易交接计量或监督比对数据的准确可靠，必须对其进行定期校准，但储罐自动计量仪在罐顶拆装施工难度大，且连接法兰拆装后，易导致计量参照点发生变化，因此在设备运行期间应采用在线校准，确保储罐自动计量仪数据准确。

1 范围

本规范适用于以伺服机构带动的液位、温度、密度、水高测量的一体化储罐自动计量仪的在线校准，核查其测量准确度。

2 引用文件

下列文件对于本规范的应用是必不可少的。凡是注日期的引用文件，仅注日期的版本适用于本规范；凡是不注日期的引用文件，其最新版本适用于本规范。

GB/T 1884   原油和液体石油产品密度实验室测定法（密度计法）

GB/T 8927   石油和液体石油产品温度测量   手工法

GB/T 13894   石油和液体石油产品液位测量（手工法）

GB/T 19779   石油和液体石油产品油量计算   静态计量

GB/T 21451.1   石油和液体石油产品   储罐中液位和温度自动测量法   第1部分：常压罐中的液位测量

JJG 971   液位计检定规程

JJF 1001   通用计量术语及定义

JJF 1440   混合式油罐测量系统校准规范

3 术语

3.1 储罐自动计量仪

在储罐顶部以伺服液位计为主要测量部件，在液位计的浮子内集成温度、密度、水高传感器，实现储罐内油品液位、温度、密度、水高的测量以及油品体积和油品质量计算的一体化自动化设备。

3.2　多功能浮子

集成温度、密度、液位传感器的伺服液位计浮子。

3.3　油品液位

从油品液面到检尺点的距离。

3.4　油品密度

储罐内油品的标准密度。

3.5　油品温度

储罐内油品的温度。

3.6　油品水高

从油水界面到检尺点的距离。

4　概述

4.1　储罐自动计量仪工作原理

由伺服液位计和多功能浮子组成，以伺服液位计测量得到液位、Pt1000 测得温度、小型谐振筒原理测得密度、对地电阻变化测得水位，以及根据内置罐容表完成对储罐油品体积、油品质量的计算。

4.2　在线校准的特点

使用量油尺、便携式电子温度计、便携式电子密度计作为标准器进行人工测量，通过对标准器数据和储罐自动计量仪数据的比对，获得被校准储罐自动计量仪油品液位、油品温度、油品密度、油品水高的平均示值误差。

5 计量特性

5.1 最大允许误差

储罐自动计量仪油品液位、油品密度、油品温度、油品水高最大允许误差见表 1。

表 1 最大允许误差

参数	液位/mm	密度/（kg/m³）	温度/℃	水高/mm
最大允许误差	±3	±0.5	±0.2	±3

5.2 重复性

在线校准条件下，储罐自动计量仪的重复性误差不应超过其最大允许误差。

6 校准条件

6.1 环境条件

环境温度：−10～45℃；

相对湿度：35～95%；

大气压力：86～106kPa；

天气晴朗，风力≤3 级。

现场无影响仪表性能的机械振动。

6.2 标准器及要求

6.2.1 技术指标见表 2。

表2 技术指标

序号	标准器名称	测量范围	技术指标	用途
1	量油尺	0~3000mm	分度值 1mm	测量液位、水高
2	便携式电子温度计	0~419.527℃	最大允许误差±0.2℃	测量温度
3	便携式数字密度计	650~900kg/m³	最大允许误差±0.3kg/m³	测量密度

6.2.2 标准器必须经检定/校准合格，且在有效期内。在进行比对校准过程中，应根据检定/校准证书给出的修正值对测量结果进行修正。

6.3 安全注意事项

6.3.1 人员按要求佩戴劳保用品。

6.3.2 人员按要求携带便携式气体报警仪。

6.3.3 人员上罐前通过静电桩消除静电。

6.3.4 检罐时标准器接地夹接地良好。

7 校准项目和校准方法

7.1 校准项目

校准项目为储罐自动计量仪的油品液位、油品温度、油品密度、油品水高计量特性的校准。

7.2 校准方法

7.2.1 一般检查

7.2.1.1 检查便携式电子温度计、便携式数字密度计电池状态良好，必要时应更换电池或重新充电。

7.2.1.2 便携式电子温度计、便携式数字密度计响应时间应短于15s。

7.2.1.3 检查量油尺尺带是否有折弯情况。

7.2.1.4 确认储罐处于静止状态，管线阀门无渗漏。

7.2.1.5 若油水界面存在乳化层，应适当延长油罐静止时间。

7.2.2 储罐自动计量仪数据测量

7.2.2.1 储罐自动计量仪采用标准三点测量方式对油品液位、油品温度、油品密度、油品水高数据进行测量。

7.2.2.2 发现油品存在温度、密度分层时，应要求工艺对储罐油品打循环进行调和。油品调和完成 1h 后重复 7.2.2.1 的步骤。

7.2.3 人工测量油品液位

7.2.3.1 确认储罐自动计量仪浮子收起后，打开检尺口门板。

7.2.3.2 左手持量油尺手柄，拇指轻扶摇臂，右手用拇指与食指挟持尺带，让尺带沿参照点（检尺槽部位）下尺。下尺时，控制尺带下降速度，尺带靠在计量槽连续降落并防止摆动。

7.2.3.3 下尺后接近参照高度 30～50mm 时，用量油尺摇柄卡住尺带，用右手腕力缓缓下移，直到手感觉尺铊刚刚接触到容器底部的检尺点。

7.2.3.4 提出量油尺，读出量油尺的浸油高度。读数时，要先读小数，后读大数。

7.2.3.5 读数后，擦净量油尺再次下尺测量，当连续两次的测量值相差大于 1mm 时，应重新测量；当连续两次的测量值相差小于 1mm 时，取第一次测量值作为油品液位。

7.2.3.6 将测量结果记录到附录 A 的表格中。

7.2.4 人工测量油品温度

7.2.4.1 确认储罐自动计量仪浮子收起后，打开检尺口门板。

7.2.4.2 把便携式电子温度计的温度传感器降落至第一个预定的液深位置。

7.2.4.3 在预定液深位置上下大约 0.3m 的区间高度内，上下缓慢提拉便携式电子温度计导线，使传感器与周围液体迅速达到温度平衡（当指示温度在 30s 内的变化不超过 0.1℃时，认为温度传感器与周围液体达到了平衡）。

7.2.4.4 确保温度示值稳定后，读取温度计的读数，并记录到附录 A 表格中。

7.2.4.5 其他液深位置的温度测量，重复 7.2.4.2 至 7.2.4.4 的步骤。

7.2.4.6 如果多个液深位置点的温度最高值和最低值之差大于 1℃，应在相邻两点中间的液深位置再依次补测温度，并记录到附录 A 的表格中。

7.2.5 人工测量油品密度

7.2.5.1 确认储罐自动计量仪浮子收起后，打开检尺口门板。

7.2.5.2 把便携式数字密度计的密度传感器降落至第一个预定的液深位置。

7.2.5.3 在预定液深位置，密度示值在 30s 内的变化不超过 0.3 kg/m³ 时，认为密度测量完成。

7.2.5.4 确保密度示值稳定后，读取密度计读数，并记录到附录 A 的表格中。

7.2.5.5 其他液深位置的密度测量，重复 7.2.5.2 至 7.2.5.4 步骤。

7.2.6 人工测量油品水高

7.2.6.1 在量油尺尺坨上涂抹试水膏。

7.2.6.2 量油尺尺带紧贴检尺口壁降落至容器中，直到轻轻地接触检尺点。

7.2.6.3 量油尺尺带必须拉紧，以保证检水尺垂直，并保持 3～5s，便于试水膏变色。

7.2.6.4 提出量油尺，读取水高示值。

7.2.6.5 读数后，重新涂抹试水膏再次测量。当连续两次的测量值相差大于 1mm 时，应重新测量；当连续两次的测量值相差小于 1mm 时，取第一次测量值作为水高。

7.2.6.6 将测量结果记录到附录 A 的表格中。

7.2.7 误差计算

7.2.7.1 油品液位测量示值误差按式（1）计算。

$$EL_{ij} = RL_{ij} - ZL_{ij} \quad\cdots\cdots\cdots\cdots\cdots\cdots\cdots\cdots\cdots\cdots\cdots （1）$$

式中：

EL_{ij} ——第 i 点油品液位校准点第 j 次人工计量油品液位与储罐自动计量仪油品液位示值误差，mm；

RL_{ij} ——第 i 点油品液位校准点第 j 次人工计量油品液位值，mm；

ZL_{ij}——第 i 点油品液位校准点第 j 次自动计量油品液位值，mm。

7.2.7.2 油品温度测量示值误差按式（2）计算。

$$ET_{ij} = RT_{ij} - ZT_{ij} \cdots\cdots\cdots\cdots\cdots\cdots (2)$$

式中：

ET_{ij}——第 i 点油品温度校准点第 j 次的油品温度示值误差，℃；

RT_{ij}——第 i 点油品温度校准点第 j 次人工计量油品温度值，℃；

ZT_{ij}——第 i 点油品温度校准点第 j 次自动计量油品温度值，℃。

7.2.7.3 密度测量示值误差按式（3）计算。

$$ED_{ij} = RD_{ij} - ZD_{ij} \cdots\cdots\cdots\cdots\cdots\cdots (3)$$

式中：

ED_{ij}——第 i 点油品密度校准点第 j 次的油品密度示值误差，kg/m^3；

RD_{ij}——第 i 点油品密度校准点第 j 次人工计量油品密度值，kg/m^3；

ZD_{ij}——第 i 点油品密度校准点第 j 次自动计量油品密度值，kg/m^3。

7.2.7.4 水高测量示值误差按式（4）计算。

$$ES_{ij} = RS_{ij} - ZS_{ij} \cdots\cdots\cdots\cdots\cdots\cdots (4)$$

式中：

ES_{ij}——第 i 点油品液位校准点 j 次人工计量油品水高与储罐自动计量仪油品水高示值误差，mm；

RS_{ij}——第 i 点油品液位校准点 j 次人工计量油品水高值，mm；

ZS_{ij}——第 i 点油品液位校准点 j 次自动计量油品水高值，mm。

7.2.7.5 多次油品液位、油品温度、油品密度、油品水高示值误差平均值按式（5）计算。

$$\overline{E} = \frac{1}{n}\sum_{i=1}^{n} E_i \cdots\cdots\cdots\cdots\cdots\cdots (5)$$

式中：

n——比对次数，一般 $n \geq 3$；

$\overline{E}$——第 i 点油品液位校准点 n 次比对的示值误差平均值，mm；

E_i——第 i 点油品液位校准点的示值误差，mm。

7.2.7.6 若工艺具备条件，安排在储罐不同油品总高的情况下，按照式（5）对不同液位的校准点进行多次测量，重复 7.2.3 至 7.2.6 的步骤，积累更多比对校准数据。

8 校准结果计算

完成在线校准后，当示值误差平均值 $\overline{E}$ 超过其最大允许误差时，通过修正储罐自动计量仪修正值来调整示值误差按式（6）计算。

$$K_i = K_0 + \overline{E} \quad\cdots\cdots\cdots\cdots\cdots\cdots\cdots\cdots (6)$$

式中：

K_i —— 调整后第 i 点油品液位校准点的油品液位（油品温度、油品密度、油品水高）修正值，mm；

K_0 —— 调整前第 i 点油品液位校准点的油品液位（油品温度、油品密度、油品水高）修正值，mm；

$\overline{E}$ —— 第 i 点油品液位校准点 n 次油品液位（油品温度、油品密度、油品水高）比对示值误差平均值，mm。

若示值误差平均值未超过储罐自动计量仪最大允许误差，不对储罐自动计量仪进行修正。若需修正，按照式（6）的计算结果进行修正，并再次安排在线校准，重新计算各参数示值误差平均值。

建立修正台账，记录包括日期、校准人、罐号、修正参数、修正前数据、修正后数据、调整量等参数。

9 重复性计算

储罐自动计量仪每个油品液位点、油品温度点、油品密度点、油品水高点的重复性 $(E_r)_i$ 按式（7）计算。

$$(E_r)_i = \frac{(E_{ij})_{max} - (E_{ij})_{min}}{d_n} \quad\cdots\cdots\cdots\cdots\cdots (7)$$

式中：

$(E_r)_i$ —— 第 i 校准点的重复性，mm；

$(E_{ij})_{\max}$ —— 第 i 校准点 j 次测量示值误差的最大值，mm；

$(E_{ij})_{\min}$ —— 第 i 校准点 j 次测量示值误差的最小值，mm；

d_n —— 极差系数。

极差系数 d_n 数值见表 3。

表 3　d_n 数值表

n	2	3	4	5	6	7	8	9	10
d_n	1.13	1.69	2.06	2.33	2.53	2.70	2.85	2.97	3.08

储罐自动计量仪油品液位、油品温度、油品密度、油品水高重复性按式（8）计算。

$$E_r = [(E_r)_i]_{\max} \quad\cdots\cdots\cdots\cdots\cdots\cdots\cdots\cdots\cdots\cdots\cdots\cdots \quad （8）$$

式中：

E_r —— 油品液位（油品温度、油品密度、油品水高）的重复性，mm。

$[(E_r)_i]_{\max}$ —— 油品液位（油品温度、油品密度、油品水高）各校准点重复性的最大值，mm。

10　校准结果表达

根据附录 A 数据及计算结果，按照附录 B 格式出具校准结果。

11　复校时间间隔

校准间隔一般不超过 6 个月。复校时，应提供校准周期内所有期间核查的试验记录。

附录 A　在线校准原始数据记录表

序号	液位对比/mm			水位对比/mm				校准点液位高度/m	储罐自动计量仪测量点位			人工测量点位		示值误差		平均示值误差	
	储罐自动计量仪	人工	示值误差	平均示值误差	储罐自动计量仪	人工	示值误差	平均示值误差		序号	油温/℃	标准密度/(kg/m³)	油温/℃	标准密度/(kg/m³)	油温/℃	标准密度/(kg/m³)	油温/℃	标准密度/(kg/m³)
1										1								
										2								
										3								
2										1								
										2								
										3								
3										1								
										2								
										3								

附录 B 校准证书（内页）参考格式

校准结果/说明：＿＿＿＿＿＿＿＿＿＿

校准日期：＿＿＿＿＿＿＿＿＿＿

储罐号：＿＿＿＿＿＿＿＿＿＿

原修正值：液位：＿＿＿ 密度：＿＿＿ 温度：＿＿＿ 水高：＿＿＿

现修正值：液位：＿＿＿ 密度：＿＿＿ 温度：＿＿＿ 水高：＿＿＿

校准人：＿＿＿＿＿＿＿＿＿＿

储罐自动计量仪位号：＿＿＿＿＿＿＿＿＿＿

储罐参照高度：＿＿＿＿＿＿＿＿＿＿

人工计量					储罐自动计量仪					人工计量与储罐自动计量仪比对差值				
液位/mm	水高/mm	测量点/mm	温度/℃	密度/(kg/m³)	液位/mm	水高/mm	测量点/mm	温度/℃	密度/(kg/m³)	液位/mm	水高/mm	测量点/mm	温度/℃	密度/(kg/m³)

炼化企业电能表在线校准规范

1 范围 ……………………………………………………………………… 240

2 引用文件 …………………………………………………………………… 240

3 概述 ……………………………………………………………………… 240

4 校准原理 …………………………………………………………………… 241

　4.1 电能表现场检验仪的基本原理 ……………………………………… 241

　4.2 实负荷校准法 ………………………………………………………… 241

5 校准要求 …………………………………………………………………… 241

　5.1 基本误差 ……………………………………………………………… 242

　5.2 现场校准要求 ………………………………………………………… 243

6 校准方法 …………………………………………………………………… 244

　6.1 外观检查 ……………………………………………………………… 244

　6.2 接线检查 ……………………………………………………………… 244

　6.3 测定基本误差 ………………………………………………………… 245

　6.4 功能检查 ……………………………………………………………… 247

7 检验结果表达 ……………………………………………………………… 247

　7.1 测量结果修约 ………………………………………………………… 247

　7.2 校准结果输出 ………………………………………………………… 247

8 复校时间间隔 ……………………………………………………………… 247

9 校准结果的不确定度评定 ………………………………………………… 247

9.1 $u(r_{wo1})$的评定 ··· 248

9.2 $u(r_{wo2})$的评定 ··· 249

9.3 合成标准不确定度的评定 ·· 249

9.4 扩展不确定度的评定 ··· 249

9.5 不确定度报告 ··· 249

附录 A 校准接线图 ·· 250

附录 B 校准记录参考格式 ··· 252

附录 C 校准证书（内页）参考格式 ······································· 253

本规范根据国内电能表在线校准现状，参照 JJG 596—2012《电子式交流电能表检定规程》和 DL/T 1478—2015《电子式交流电能表现场检验规程》，结合 JJG（沪）49—2007《直接接入式电能表现场检定规程》进行制定，主要技术指标也参照执行。

根据 JJF 1071—2010《国家计量校准规范编写规则》3.1、3.2，本规范将示值误差列为计量性能并作为计量校准方法的主要工作。

本规范参考了 DL/T 460—2016《智能电能表检验装置检定规程》对测量标准计量性能的要求，及 DL/T 1478—2015《电子式交流电能表现场检验规程》对检定环境条件的要求。

1 范围

本规范仅适用于中国石化各炼化企业现场使用的非强制检定交流电能表的现场校准，不适用于首次检定和仲裁检定。

2 引用文件

下列文件对于本规范的应用是必不可少的。凡是注日期的引用文件，仅注日期的版本适用于本规范；凡是不注日期的引用文件，其最新版本适用于本规范。

JJG（沪）49—2007　直接接入式电能表现场检定规程

JJG 596—2012　电子式交流电能表检定规程

JJF 1001—2011　通用计量术语及定义

JJF 1071　国家计量校准规范编写规则

DL/T 460—2016　智能电能表检验装置检定规程

DL/T 1478—2015　电子式交流电能表现场检验规程

3 概述

在线三相电能表系统是由电流互感器、电压互感器、信号线和三相电能表组成的电能计量系统。中国石化炼化企业贸易交接计量用电能表都存在强制检定的要求，大部分安装在配备电能计量联合接线盒的配电柜中，但非贸易交接计量用电能表大都安装在空间狭窄的各类配电柜中，接线固定，在运行过程中无法间断。为了减少中国石化内部电能表校准所消耗的时间，避免电能表校准给装置平稳运行和电能计量带来负面影响，特制定本规范。

4 校准原理

4.1 电能表现场检验仪的基本原理

电能表现场检验仪最基本的两大功能是电能表误差检验和接线检查。电能表误差检验，要用到标准电能表，且方便现场操作；接线检查，要求能进行向量分析，能显示向量图，并能进行线路相别识别，所以电能表现场检验仪是标准电能表和向量分析软件的结合。其通过对被测电流、电压的采集，经采样器输入电能测量单元，形成脉冲送中央处理单元，对脉冲进行计数得到实际电能值。中央处理器根据对被测电能表的常数得出被检电能表的电能值，以及现场检验仪计量电能值和被检表电能值即可得出被测电能表的误差。同时中央处理器可根据输入的电压、电流及相位画出向量图，从而判断接线是否正确。

4.2 实负荷校准法

实负荷校准法是指利用实际用电负荷进行校准的方法，是本规范使用的校准方法。

5 校准要求

由于本规范采用实负荷校准法，校准过程中需要负载保持正常用电状态，为避免在电能表现场检验仪接入过程中引起不必要的操作风险，被测交流电能表必须配备电能计量联合接线盒，或具备将电能表现场检验仪接入被测回路而保持负载不断电的条件，具体操作步骤按电力行业操作规范执行。

5.1 基本误差

电能表的基本误差用相对误差表示，在规定的现场条件下，电子式交流电能表的基本误差限应满足表 1 的规定，表中未给定值的用内插法求出。

表 1 单相电能表和平衡负载时三相电能表的基本误差限

类别	直接接入	经互感器接入[④]	功率因数[②]	电能表准确度等级				
				0.2S[③]	0.5S[③]	1	2	3
	负载电流 I[①]			基本误差限/%				
有功电能表	—	$0.01I_n \leq I < 0.05I_n$	1	±0.4	±1.0	—	—	—
	$0.05I_b \leq I < 0.1I_b$	$0.02I_n \leq I < 0.05I_n$	1	—	—	±1.5	±2.5	—
	$0.1I_b \leq I \leq I_{max}$	$0.05I_n \leq I \leq I_{max}$	1	±0.2	±0.5	±1.0	±2.0	—
	—	$0.02I_n \leq I < 0.1I_n$	0.5L	±0.5	±1.0			
			0.8C	±0.5	±1.0			
	$0.1I_b \leq I < 0.2I_b$	$0.05I_n \leq I < 0.1I_n$	0.5L	—	—	±1.5	±2.5	
			0.8C	—	—	±1.5	—	
	$0.2I_b \leq I \leq I_{max}$	$0.1I_n \leq I \leq I_{max}$	0.5L	±0.3	±0.6	±1.0	±2.0	—
			0.8C	±0.3	±0.6	±1.0	—	
	当用户特殊要求时		0.25L	±0.5	±1.0	±3.5		
	$0.2I_b \leq I \leq I_{max}$	$0.1I_n \leq I \leq I_{max}$	0.5C	±0.5	±1.0	±2.5		
无功电能表	$0.05I_b \leq I < 0.1I_b$	$0.02I_n \leq I < 0.05I_n$	1	—	—	—	±2.5	±4.0
	$0.1I_b \leq I \leq I_{max}$	$0.05I_n \leq I \leq I_{max}$	1	—	—	—	±2.0	±3.0
	$0.1I_b \leq I < 0.2I_b$	$0.05I_n \leq I < 0.1I_n$	$\sin\varphi$（L或C）0.5	—	—	—	±2.5	±4.0
	$0.2I_b \leq I \leq I_{max}$	$0.1I_n \leq I \leq I_{max}$	0.5	—	—	—	±2.0	±3.0
	$0.2I_b \leq I \leq I_{max}$	$0.1I_n \leq I \leq I_{max}$	0.25	—	—	—	±2.5	±4.0

①I_b—基本电流；I_{max}—最大电流；I_n—经电流互感器接入的电能表额定电流，其值与电流互感器次级额定电流相同；经电流互感器接入的电能表最大电流 I_{max} 与互感器次级额定扩展电流（1.2 I_n，1.5 I_n 或 2 I_n）相同。

②φ 是星形负载支路相电压与相电流间的相位差；L—感性负载；C—容性负载。

③0.2S 级、0.5S 级表只适用于经互感器接入的有功电能表。

④ 经互感器接入的宽负载电能表（$I_{max} \geq 4I_b$）[如 3×1.5（6）A]，其计量性能仍按 I_b 确定。

5.2 现场校准要求

5.2.1 校准条件

5.2.1.1 现场校准条件

现场校准时，应满足下列条件：

环境温度：0～40℃；

相对湿度：≤85%；

电压偏差不应超过额定电压的10%；

现场检验仪通电预热时间不短于5min。

现场校准时，应无下列情况之一：

电能表装置前有无法清除的障碍物；

电能表装置存在严重的安全隐患；

电能表端钮盒或联合接线盒严重损坏，无法接线；

封印破坏。

5.2.1.2 校准设备要求

现场检验仪必须具备运输和保管中的防尘、防潮和防震措施；

现场检验仪和试验端子之间的连接导线应有良好的绝缘，中间不允许有接头，防止工作中松脱；亦应有明显的极性和相别标志，防止电压互感器二次短路，电流互感器二次开路，以确保人身和设备安全；

现场检验仪的准确度等级应满足表2的规定；

现场检验仪应符合DL/T 460—2016《智能电能表检验装置检定规程》的规定。

表2 现场检验仪的准确度等级要求

被检电能表的准确度等级	0.2S	0.5S	1	2
电能表现场检验仪准确度等级	0.05	0.1	0.2	0.2

5.2.2 校准项目

现场校准项目包括外观检查、接线检查、测定基本误差、功能检查（见表3）。

表3　现场校准项目一览表

现场校准项目	实负荷检验法[①]
外观检查	+
接线检查	+
测定基本误差	+
功能检查	+'

① 符号"+"表示需要检验，符号"+'"表示按需检验。

6　校准方法

电能表现场检验仪开机前插好电流互感器插头，开机预热5min后方可使用。

6.1　外观检查

有下列缺陷之一的电能表判定为外观不合格：

铭牌字迹不清楚或无法辨别，影响计数；

液晶或数码显示器缺少笔画、断码；

指示灯不亮等现象；

表壳损坏、视窗模糊、固定不牢、破裂；

电能表基本功能不正常；

按键失灵；

接线桩头损坏。

6.2　接线检查

按照附录A校准接线图，电能表现场检验仪的电流输入通过现场校验仪配备的钳形表，按照电源相序依次钳入，在不断开被检电能表的电流测量下进行采集；电能表现场检验仪的电压回路与被检电能表的电压回路并联接入；按动"接线检查"按钮，对电能表输入电压、电流及接线相序进行接线检查，如图1所示。

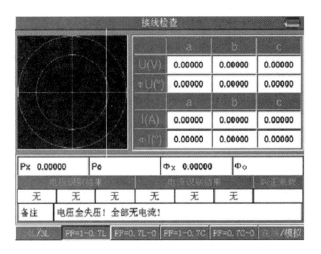

图 1　接线检查

6.3　测定基本误差

6.3.1　用现场检验仪校准电能表

按照附录 A 校准接线图,将电能表现场检验仪的电流回路与被检电能表的电流回路串联,电能表现场检验仪的电压回路与被检电能表的电压回路并联,通讯接口连接后,在电网的实际电压、电流、功率因数和频率下,用被检电能表输出的脉冲(低频或高频)控制现场检验仪计数来确定被检电能表的相对误差。

选择"参数录入",将被检表设备编号、出厂编号、安装地点、表类型、准确度等级、功率常数及额定电压、额定电流等信息录入现场校验仪,如图 2 所示。

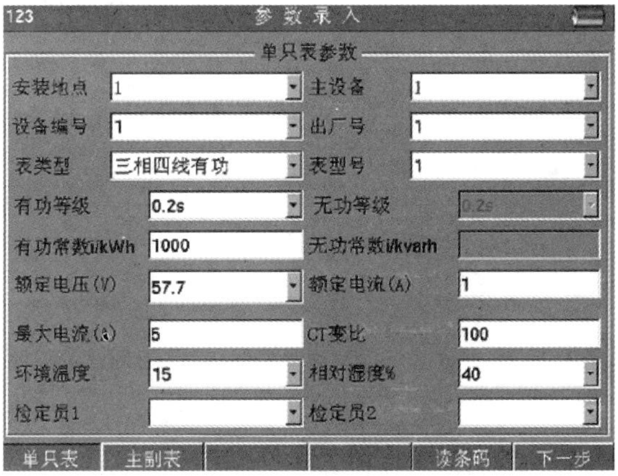

图 2　参数录入

确认信息正确，点击"下一步"进入电能表误差，如图 3 所示。

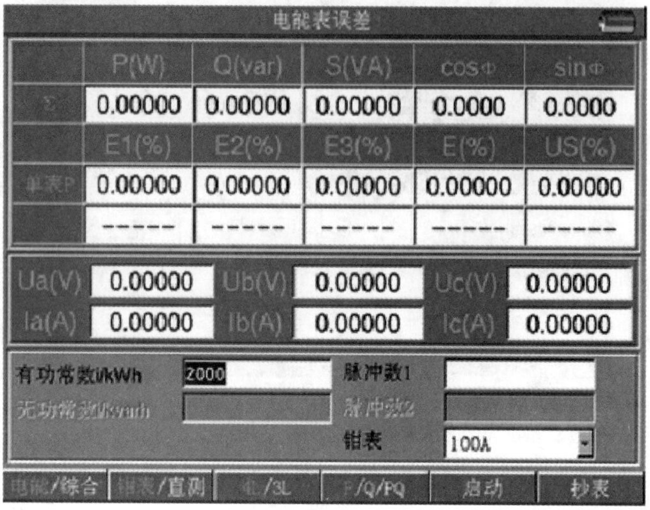

图 3　电能表误差

检查确认现场校验仪软按钮显示信息"电能、钳表、4L、P 及被检表有功常数"正确无误，在脉冲数 1 录入脉冲个数，点击"启动"按钮，脉冲数 1 录入的脉冲个数依次递减，当脉冲个数归零时，现场校验仪显示电能误差 E_1。

要适当地选择被检电能表的低频（或高频）脉冲数 N 和现场检验仪外接的互感器量程或现场检验仪的倍率开关挡，使算定（或预置）脉冲数和实测脉冲数满足表 4 的规定。

表 4　算定（或预置）脉冲数和显示被检电能表误差的小数位数

现场检验仪准确度等级	0.05	0.1	0.2
算定（或预置）脉冲数	50000	20000	10000
显示被检电能表误差的小数位数/%	0.001	0.01	0.01

6.3.2　重复测量次数原则

在现场常用负载功率下，至少记录两次误差测定数据，取其平均值 E 作为实测基本误差值。

若不能正确的采集被检电能表脉冲数，则舍去测得的数据。

6.4 功能检查

根据被检电能表用户实际需求,检查事件记录、故障信息等内容。

7 检验结果表达

7.1 测量结果修约

a)修约间距数为 1 时的修约方法:保留位右边对保留位数字 1 来说,若大于 0.5,则保留位加 1;若小于 0.5,则保留位不变;若等于 0.5,则保留位采用奇进偶不进的原则(即奇数时进 1,偶数时不变)。

b)修约间距数为 n($n \neq 1$)时的修约方法:将测得数据除以 n,再按 a)的修约方法修约,修约以后再乘以 n,即为最后修约结果。

c)按表 5 规定,将电能表相对误差修约为修约间距的整数倍。

表5 相对误差修约间距

电能表准确度等级	0.2S	0.5S	1	2
修约间距/%	0.02	0.05	0.1	0.2

判断电能表相对误差是否超过表 1 或表 2 的规定,一律以修约后的结果为准。

7.2 校准结果输出

校准结束,出具校准报告。

8 复校时间间隔

各级电能表的复校周期一般不超过 6 年。

9 校准结果的不确定度评定

现场选 4 台性能稳定的电子式三相电能表(准确度等级为 0.5 级)。用电能表在线校准装置（合成不确定度为 0.1%，$k=2$）在线对电子式三相电能表重复多次测量，电子式三相电能表的电能值与电能表在线校准装置测出的电能值相比较，自动计算被检表在该功率时的相对误差。

数字模型见式（1）。

$$r_{\mathrm{H}} = r_{\mathrm{wo}} \quad\cdots\cdots\cdots\cdots\cdots\cdots\cdots\cdots\cdots\cdots\cdots\cdots\cdots\cdots\cdots\cdots \quad (1)$$

式中：

r_{H} —— 被检表的相对误差；

r_{wo} —— 校准装置测得的相对误差。

输入量 r_{wo} 的标准不确定度 $u(r_{\mathrm{wo}})$ 的来源主要有两方面：

在重复性条件下有被测电能表测量不重复引起的不确定度分项 $u(r_{\mathrm{wo1}})$，采用 A 类评定；电能表在线校准装置的误差引起的不确定度分项 $u(r_{\mathrm{wo2}})$，采用 B 类评定方法。

9.1 $u(r_{\mathrm{wo1}})$ 的评定

可以通过连续测量得到测量值，采用 A 类方法进行评定。在电压 3×220/380V、电流 3×5A、功率因素为 1.0 条件下，对 4 台 0.5 级的被检电能表各连续测量 10 次，分别得到 4 组测量值（见表 6）。

表 6 n 次测量的算术平均值 $\bar{x}$ 的试验标准偏差　　　　　　单位：%

次数 组别	1	2	3	4	5	6	7	8	9	10	$\sqrt{\dfrac{\sum\limits_{i=1}^{10}(x_i-\bar{x})^2}{n-1}}$	$\sqrt{\dfrac{\sum\limits_{i=1}^{10}(x_i-\bar{x})^2}{N(n-1)}}$
1	0.12	0.17	0.19	0.15	0.16	0.20	0.16	0.18	0.15	0.17	0.0227	0.0131
2	0.23	0.24	0.25	0.21	0.28	0.27	0.25	0.25	0.26	0.28	0.0220	0.0127
3	0.15	0.16	0.11	0.10	0.12	0.09	0.15	0.12	0.09	0.16	0.0280	0.0162
4	0.00	0.05	0.08	0.09	0.02	0.08	0.05	0.02	0.08	0.08	0.0309	0.0178

$u(r_{\mathrm{wo1}})$ 按式（2）计算。

$$u(r_{\mathrm{wo1}}) = \sqrt{\frac{\sum s_j^2}{m}} = 0.0151\% \quad\cdots\cdots\cdots\cdots\cdots\cdots\cdots\cdots\cdots \quad (2)$$

式中：

s_j——每组测量结果的试验标准偏差；

m——测量结果的试验标准偏差的组数。

9.2 $u(r_{wo2})$ 的评定

根据装置不确定度分析报告得到装置的合成不确定度为 0.1%，k=2。
标准不确定度 $u(r_{wo2})$ 按式（3）计算。

$$u(r_{wo2})=0.1\%/2=0.05\% \quad\cdots\cdots\cdots\cdots\cdots\cdots\cdots\cdots\cdots（3）$$

9.3 合成标准不确定度的评定

$u_c(r_{wo})$ 按式（4）计算。

$$u_c(r_{wo})=\sqrt{u^2(r_{wo1})+u^2(r_{wo2})}=\sqrt{0.0151^2+0.05^2}=0.054\% \quad\cdots\cdots\cdots（4）$$

取 c=1，$u_c(r_H)$ 按式（5）估算。

$$u_c(r_H)=|c|u_c(r_{wo})=0.054\%（c=1） \quad\cdots\cdots\cdots\cdots\cdots\cdots（5）$$

9.4 扩展不确定度的评定

取 k=2，按式（6）计算扩展不确定度。

$$U_{95}=ku_c(r_{wo})=2\times0.054\%=0.108\%（k=2） \quad\cdots\cdots\cdots\cdots\cdots（6）$$

9.5 不确定度报告

0.5 级电子式三相四线电能表在电压 3×220/380V、电流 3×5A 条件下，相对误差测量结果的扩展不确定度为 U_{95}=0.108%，k=2。

附录 A 校准接线图

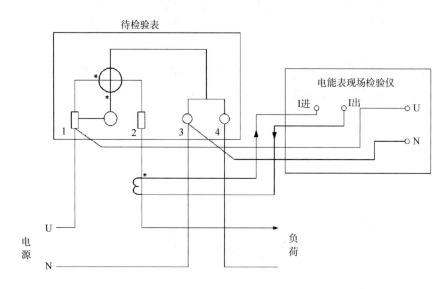

图 A.1 单相电能表实负荷现场检验接线图

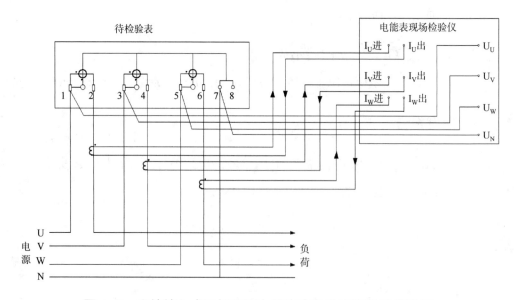

图 A.2 直接接入式三相四线电能表实负荷现场检验接线图

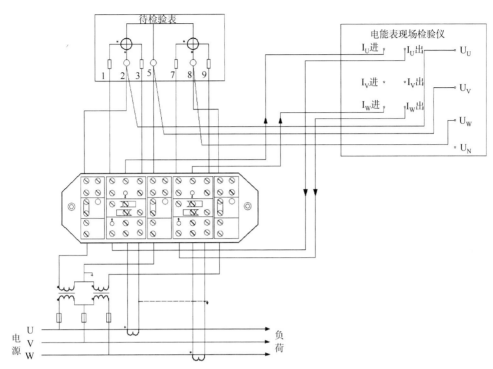

图 A.3　经互感器接入式三相三线电能表实负荷现场检验接线图

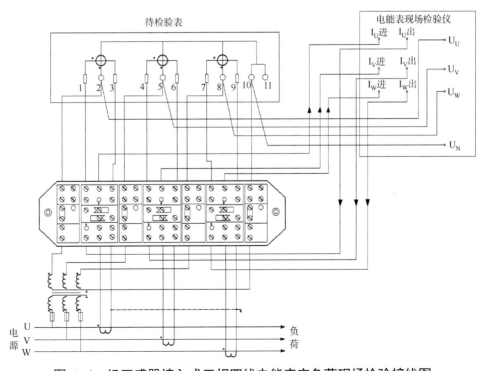

图 A.4　经互感器接入式三相四线电能表实负荷现场检验接线图

附录 B 校准记录参考格式

版本/修改：A/O		贮存期限：3 个周期
	在线电能表校准原始记录	
	记录编号		使用单位	

记录证书编号：_____

被检电能表	单位		主标准器	名称	
	型号/规格			出厂编号	
	出厂编号			准确度等级	
	制造厂		校准环境	温度/℃	
	准确度等级			湿度/%	
校准依据			安装地点		

电能表参数：

有功等级	有功常数	额定电压/V	额定电流/A	最大电流/A	脉冲数
被检表连接是否完好			外观检查		

基本误差：

测量次数	示值误差/%	平均误差/%	最大示值误差/%	重复性/%
1				
2				
3				
扩展不确定度 $U=$ （$k=$ ）				

校准人员_____   核验人员_____   校准日期_____

附录 C 校准证书（内页）参考格式

校准结果/说明：

电压：

实际值/V	指示值/V			不确定度（k=2）
	A 相	B 相	C 相	
				U_{rel}=

电流：

实际值/A	指示值/A			不确定度（k=2）
	A 相	B 相	C 相	
				U_{rel}=

功率：（相别 ABC）

输入值		实际值		不确定度（k=2）
电压，电流	功率因数	实际值/W	指示值/W	
V A	$\cos\varphi$=			U_{rel}=

电能：（相别 ABC）

输入值				不确定度（k=2）
电压/V	电流/A	功率因数	电能误差/%	
		$\cos\varphi$=		U_{rel}=

注：

CT 比例为：_____：_____；

校准频率为_____Hz；结束电量为_____ kW·h。